同位素和水化学技术
在典型高寒山区流域中的应用

王晓艳 著

西北工业大学出版社
西安

【内容简介】 本书基于氢氧稳定同位素和水化学技术对流域径流来源、区域水环境的演化机制及其相互转化关系进行研究,运用综合特征描述法、Gibbs 分布图、三角图示法、相关性分析和主要离子比值法分析流域水化学演化过程,通过美国国家环境预报中心(NCEP)、美国国家大气研究中心(NCAR)再分析资料和野外采样观测资料,着重探讨流域的水汽来源和径流形成机制,为进一步对该流域的水文水循环研究提供数据支撑。

本书可供流域水文水资源、同位素水文地球化学相关研究领域的科研和教学等人员阅读、参考。

图书在版编目(CIP)数据

同位素和水化学技术在典型高寒山区流域中的应用 / 王晓艳著. — 西安 : 西北工业大学出版社,2024.5
ISBN 978 - 7 - 5612 - 9306 - 5

Ⅰ.①同… Ⅱ.①王… Ⅲ.①寒冷地区-水文地球化学-研究 Ⅳ.①P592

中国国家版本馆 CIP 数据核字(2024)第 109969 号

TONGWEISU HE SHUIHUAXUE JISHU ZAI DIANXING GAOHAN SHANQU LIUYU ZHONG DE YINGYONG

同位素和水化学技术在典型高寒山区流域中的应用
王晓艳 著

责任编辑:曹 江		策划编辑:孙显章	
责任校对:王玉玲		装帧设计:董晓伟	

出版发行:西北工业大学出版社
通信地址:西安市友谊西路 127 号   邮编:710072
电   话:(029)88493844,88491757
网   址:www.nwpup.com
印 刷 者:陕西瑞升印务有限公司
开   本:720 mm×1 020 mm   1/16
印   张:6.875
字   数:131 千字
版   次:2024 年 5 月第 1 版   2024 年 5 月第 1 次印刷
书   号:ISBN 978 - 7 - 5612 - 9306 - 5
定   价:45.00 元

前言

　　气候变化的一个重要结果是引起径流过程的变化,在该过程中,冰雪径流最易受到气候变化的影响。中国西北干旱区远离水汽补给源地,年平均降水量较少,但蒸发较强烈。高山区普遍有现代冰川,是西北山区河流重要的补给来源,对人类的生产生活具有重要的作用。受全球变暖的影响,西部冰川普遍出现退缩,季节性积雪融水资源锐减,高寒山区流域水循环加剧。近年来,天山哈密榆树沟流域高山区的冰川消融量增加,季节性积雪融水减少,导致区域水文过程、流域水量平衡等发生了变化,因此有必要对榆树沟流域的水资源进行深入的研究。

　　20 世纪 50 年代以来,同位素技术和方法逐步在世界范围内得到广泛应用,成为水科学研究的现代手段之一。其中,天然水体中的 D 与 ^{18}O 是研究区域水体的来源、运移途径和混合等水循环过程的有效示踪剂,可以定量和定性地判断区域水资源形成过程和水环境演化机制,从而为水资源的可持续利用及安全调控提供数据支撑。基于地理上和地质上的特殊性与复杂性,在寒区和旱区使用传统方法可能存在工作面积大、工作难度大、工作基础薄弱的问题。近 20 年来,同位素技术作为一种新技术在寒区和旱区得到了越来越广泛的应用,并取得了显著成效。

　　河流水化学特征不仅能够清晰地反映自然条件下河流的水质状况,而且能为河流水质监测提供前提和基础保障,是研究水环境的基本手段。河水的地球化学组成是区域和全球生态环境问题研究领域极具代表性的研究部分。河水中化学物质受流经区岩石岩性、气候、植被、土壤、降水以及人类活动等因素的影响。未受人类活动干扰的河水的化学性质主要受区域的水文地质条件影响,其他因子的影响很小,其比例不到 10%。位于高寒山区的小流域,极少受到人为因素的直接影响,因此,水体中主要离子组成基本能揭示流经地区的水文地质条件。

天山哈密榆树沟河是哈密市工农业生产、城市生活的重要水源,在哈密市经济和社会发展中具有重要地位。受干旱、半干旱气候的影响,水资源的短缺已成为该地区经济和社会可持续发展的严重制约因素。受全球变暖影响,榆树沟流域高山区的冰川自20世纪80年代以来普遍出现强烈退缩,冰川消融量增大,季节性积雪融水减少。冰川面积以及融雪水的变化将导致内陆河区域水文过程、流域水量平衡等发生变化,从而对流域水资源和区域生态环境产生显著的影响。前人已对该流域水文特征进行了研究,对流域水文地质条件有了一定的认识。但从水资源科学利用的角度考虑,目前取得的成果不能较全面地为水资源合理开发提供有利的数据支撑。目前关于该流域系统的水化学同位素的研究还很少。因此,本书基于流域春洪期和夏洪期的河水、地下水、雪融水、冰川融水以及5~8月份大气降水观测资料,分析各水体的水化学和同位素特征,阐述区域水环境的演化机制及其相互转化关系,定量地估算高海拔冰雪资源对本区水资源的影响和贡献。通过研究流域产流过程,以期能够对其进行合理开发和利用。

本书不仅对天山哈密榆树沟流域水资源的可持续利用和生态环境建设具有现实意义,而且对于西北地区其他类似流域开展相关研究具有借鉴和指导意义。

本书的出版得到了国家重大科学研究计划项目(超级973项目)(2013CBA01801)、陕西省科技厅自然科学基础研究计划项目"基于水化学和同位素的秦岭黑河流域径流来源研究"(2017JQ6080)、陕西省高校科协青年人才托举计划项目"基于水化学和同位素的秦岭黑河流域融雪期径流来源研究"(20170303)、陕西省教育厅重点科学研究计划"基于同位素和水化学的秦岭黑河流地表水和地下水转化关系研究"(17JS038)的大力支持,在此表示感谢。

在撰写本书过程中,笔者参考了相关文献资料,在此对其作者一并表示感谢。

由于笔者水平有限,书中的不足之处在所难免,敬请读者指正。

著 者

2023年11月

目录

第1章 绪 论

1.1 选题依据与研究意义

水资源是人类赖以生存和发展的重要物质基础,是制约社会经济发展、影响生态安全的关键因素,特别是在干旱的内陆河地区。中国西北干旱区位于亚欧大陆腹地,远离水汽补给源地,年平均降水量较少,但蒸发较强烈。高山区普遍发育有现代冰川,充当着高山固体水库"水塔"的角色,是西北山区河流重要的补给来源,对人类的生产生活也产生着重要的作用。气候变化的一个重要表现是径流过程的变化,在该过程中最为敏感的是冰雪径流受气候变化的影响。全球气候变暖,西部冰川普遍出现退缩,季节性积雪融水资源锐减,高寒山区流域水循环加剧,都将进一步加剧干旱区的生态环境恶化。

天山哈密榆树沟河是哈密市工农业生产、城市生活的重要水源,在哈密市经济和社会发展中具有重要作用。受干旱、半干旱气候的影响,水资源的短缺已成为该地区经济和社会可持续发展的严重制约因素。受全球气候变暖的影响,榆树沟流域高山区的冰川自20世纪80年代以来普遍出现强烈退缩,冰川消融量增加,季节性积雪融水减少。冰川面积以及融雪水的变化将导致内陆河区域水文过程、流域水量平衡等发生变化,从而对流域水资源和区域生态环境产生显著的影响。前人已对该流域水文特征进行了研究,对流域水文地质条件有了一定的认识,但从水资源科学利用的角度考虑,目前取得的成果不能较全面地为水资源合理开发提供有利的数据支撑。因此,有必要对榆树沟流域的水资源进行深入的研究,定量评估冰雪资源对区域水资源的贡献,从而研究流域产流过程,以期能够对其进行合理开发和科学利用。

　　20 世纪 70 年代,同位素技术在水文学中应用的研究日益增多,理论体系逐渐完善,尤其是在认识流域水文过程,揭示各种水体的成因、赋存条件及水循环机理等方面,解决诸如不同水体的起源和形成、判定不同水体之间的相互转换关系等水文学问题。与此同时,水文学家首次将同位素(^2H 和 ^{18}O)技术用于降雨径流过程的分割中。采用径流分割方法定量计算河水中的降雨含量,从而研究降雨径流产流过程,其结果不仅可以用于降雨径流关系分析、补给水源判别和坡地汇流计算,还可以用于反映全球气候变化。Sklash 利用 $\delta^{18}O$ 技术对春季暴雨洪水进行径流分割,结果显示地下水是暴雨径流的主要补给来源,洪峰期补给量达 50% 以上,地下水的快速补给通道是河道附近的快速地下径流补给区域。Buttle 在 1994 年提出了径流分割总的方法论及其野外应用,使得这一理论和研究方法趋于成熟。此后,径流分割研究得以深入和拓展,出现了稳定同位素示踪剂与化学示踪剂(如保守性离子或元素等)相结合的方法,利用多元径流分割模型,定量估算径流的贡献,为流域尺度水文模型的建立提供实验数据。国内对天然水体的氢氧同位素径流分割的研究始于 20 世纪 90 年代左右。进入 21 世纪以后,瞿思敏等指出国内同位素径流分割还存在研究人员太少和资金不足等问题,而且采样工作应该作为一个重要方面来实施。之后,学者们在对流域进行径流分割的基础上加入了有关于模型不确定性的研究,使国内的径流分割应用研究进入了新的阶段。

　　值得一提的是,水同位素无法指示自身经过的路径,而水中溶解的化学物质可以很好地揭开这道面纱。因此,同位素方法与其他地球化学方法的结合运用,越来越受到研究人员的重视。流域内流动路径的识别是了解径流形成机制的关键,也是构建水文模型和地球化学模型的基础。河流水化学特征不仅能够清晰地反映自然条件下河流的水质状况,而且能为河流水质监测提供前提和基础保障,是研究水环境的基本手段。河水的地球化学组成是区域和全球生态环境问题研究领域极具代表性的研究内容。河水中化学物质受流经区岩石岩性、气候、植被、土壤、降水以及人类活动综合因素的影响。未受人类活动干扰的河水化学性质主要受区域的水文地质条件影响,其他因子的影响很小,其比例不到 10%。位于高寒山区的小流域,极少受到人为因素的直接影响,因而水体中的主要离子组成基本能揭示流经地区的水文地质条件。反应溶质示踪剂具有“活性”特征,其组成会因水流与土壤或基质的化学反应而改变,且流动路径不同,发生的反应类型可能存在差异,从而使不同流动路径的水分具有独特的示踪剂标记(含量或类型)。因此,反应溶质示踪剂是识别水流动路径的有效工具。20 世纪 80 年代,水文化学数据开始被用于降雨径流过程的研究。随后,许多学者也相继在降雨径流研究中使用了水文化学示踪剂。这些研究多将水文化学示踪剂与^{2}H 或^{18}O 同位素相结合,用化学示踪剂进行流动路径的识别和分割,用^{2}H 或^{18}O 同位素进行水分来源的识别和分割,从而获得互补性的信息,对径流的形成过程和机制进行更为精细的演示。

榆树沟流域位于极端大陆性地区,气候干旱,其流域水资源及水循环机理的研究受到广大学者的关注,目前许多学者已对该流域的水资源进行了大量的研究,但对该流域系统的水化学同位素的研究还比较薄弱。鉴于此,本书将榆树沟山区流域作为研究区域,将该流域内大气降水、冰川融水、季节性积雪融水和地表水以及地下水纳入统一的水文循环系统,综合运用水化学、同位素和水文地质等方法,利用调查研究、现场观测、同位素示踪等方法和手段,分析各水体的水化学特征及其变化规律,从而认识区域水环境的演化机制;研究水循环过程中不同水体稳定同位素的分布规律与相互转化关系;以稳定同位素为示踪剂,定量评估榆树沟流域高海拔冰雪资源对本区水资源的影响和贡献。本研究不仅对该流域水资源的可持续利用和生态环境建设具有现实意义,而且对于西北地区其他类似流域开展相关的研究具有借鉴和指导意义。

1.2 研 究 进 展

1.2.1 水化学研究进展

水化学研究作为水资源质量评价的重要方法之一,对流域水资源的利用方式、可持续利用、管理及生态环境的建设与保护具有重要的意义。目前,关于天然水体的化学特征、时空分布、离子来源及其演化,国内外已有大量报道,报道均显示,应用流域水化学不仅可以分析流域水质的时空变化特征,而且可以提供流域的水体循环规律等水动力环境方面的信息,为更好地揭示水体与环境的相互作用机制提供依据。

国际上对天然水体水化学的研究主要始于 19 世纪末期,以莱茵河、塞纳河、泰晤士河的水质监测为代表;20 世纪 50 年代以来,苏联、欧洲和美国相继对境内主要河流的地球化学进行了大量的分析和调查;20 世纪 80 年代以后,研究区域逐步扩展到欧洲、亚洲、非洲、北美洲和南美洲等热带和温带地区,以研究河流的主要离子输送通量和侵蚀过程为主;20 世纪 90 年代以来,水化学研究进一步发展,目前河水地球化学的研究重点是流域侵蚀和不同岩石的风化速率及其控制因素的分析,尤其是在碳循环与河流风化侵蚀作用的耦合关系以及河流的

CO_2消耗-释放行为特点等方面成果显著。

20世纪五六十年代以来,我国学者分别就全国范围和区域范围有代表性河流的水化学特征进行了采样分析。20世纪60年代,通过对全国主要河流的水化学特征及其空间变化规律进行整体分析,绘制出了中国河流水化学分带图、类型图、总硬度图、河水矿化度图以及离子径流模数图。我国水利部门和环保部门相继建立了江河水质监测网,开展了水质监测方面的研究,并于20世纪70年代末在我国经济发达地区的大河上建立了4个水质监测断面,现已发展成完善的水质监测网络系统。20世纪80年代初至90年代,我国河流水化学研究主要包括水化学的时空变化规律、控制因素和入海通量等,同时在河流的物理和化学侵蚀作用及侵蚀速率等方面也进行了较为深入的研究。

与此同时,单条河流或水系的水化学研究也得到了较丰富的成果。20世纪60年代,朱启疆等对比分析了滏阳河与滹沱河两者之间水化学特征的异同点,并说明了其原因。刘培桐等首次系统地报道了岱海盆地各水体的水化学与区域水文地质间的关系。有关松花江源头区、陕西关中地区、藏北高原北部地区的河流水化学基本状况也有了报道。张群英等认为地质-化学因素是影响福建、广东和广西部分河水的水化学组成的主要控制因素,该结果验证了Meybeck观点的正确性。张立成等也同样指出地质环境条件是我国东部河水化学组成的主控因素,但由于位于多降水区,所以还需要考虑降水量的因素。陈静生等对海南岛、川贵地区长江干支流河水化学特征进行了研究,并建立了河水中主要离子岩石风化源和大气降水源的定量模型。1999年,陈静生和夏星辉总结了我国河流水化学的研究进展,对我国天然水体水化学的研究起到了承上启下的作用,也为我国水化学地理学的长足发展作出了重要贡献。2000年以来,我国学者对黄河、长江、珠江等较大流域以及西北高寒流域的河水地球化学特征开展了较深入的研究。李甜甜等通过对赣江上游38处水体采样点的水化学特征和溶解无机碳稳定同位素的分析,发现其总溶解质浓度较小,其中,阳离子以 Na^+、Ca^{2+} 为主,阴离子以 Cl^- 和 HCO_3^- 为主,Si 的浓度较大,表征了典型硅酸盐地区河流的水化学组成特征。王君波等对西藏纳木错东部湖区中不同点位的湖水和周边不同位置的入湖河流进行取样,通过水化学分析得出,纳木错湖水主要受蒸发-结晶作用控制,而河水则主要受岩石风化作用影响,其中碳酸盐和硅酸盐的风化影响最为重要,其次是部分蒸发岩的溶解,区域内湖水蒸发与大气海盐传输也有一定的作用。王亚平等在分析长江流域76个位点的水化学数据的基础上,运用吉布斯(Gibbs)图、三角图、主成分分析方法研究岩性对长江水系河水中离子化学特征的影响和流域的主要风化过程。刘昭等通过对研究区内的天然水的主要理化特征(pH、水温、水化学类型、离子组成及矿化度、硬度及侵蚀性)及其特征进行研究,发现研究区内不同类型、不同区域的天然水的差异,主要受到天然水的不同补给类型及人类活动的影响。曾海鳌等于 2011 年 9～10 月采集了中亚干旱半干旱地区塔吉克斯坦不同区域的河水、泉水和湖水,通过不同水体样品水化学指标、氢氧同位素分析,初步研究了该区域水化学类型和同位素空间分布特征,并探讨了其形成原因和环境意义。唐玺雯等通过对 2006—2008 年锡林河主要径流期内 13 个河水断面 239 个水样以及同期地下水和大气降水主离子水化学进行分析,结合锡林河流域的气象和水文资料,利用 Piper 三线图和 Gibbs 图分析了锡林河河水的水化学特征及主离子组成变化特征。刘永林等为研究新疆天然水化学特征区域差异及成因,采集、分析了和田地区 51 组天然水样,收集已发表的新疆其他地区 103 组天然水化学数据,阐明了新疆地区南、北疆天然水的水化学特征存在的区域差异,而这种区域差异与南、北疆地质构造分区重合。新疆天然水化学特征区域差异主要是地质因素、水文气象因素和人类活动等共同作用的结果。其中,南、北疆地质构造单元的差异演化,造成了天然水的补给区和径流区岩性有差异,这为南、北疆天然水提供了不同物源;南、北疆水文气象因素的差异加剧了天然水化学特征区域的差异。人类活动对 NO_3^- 区域差异的形成具有一定的贡献。王晓艳等根据天山哈密榆树沟流域地下水的 pH、总可溶性固体(TDS)、电导率(EC)和主要化学离子的测定,运用综合特征描述法、三角图示法、相关性分析和主要离子比值法,探讨了流域地下水的水化学特征及其形成原因。水化学研究从最初大河流域的河水水质监测,逐渐过渡到小流域或盆地等地理单元,把地表水、大气降水、地下水等多种水体作为研究对象,研究重点也从初期的水质研究转向河水物质组成与流域要素间的关系、流域化学风化、河流内因对河水物质组成和生态系统的影响等方面。

　　西北高寒山区是多条国际河流的发源地,水资源的短缺制约着社会经济发展和生态安全,因此,许多学者投入这一地区的水文地球化学研究中。章申等最早观测并研究了希夏邦马峰野博康加勒冰川和珠穆朗玛峰绒布冰川区的雪冰化学。20 世纪 80 年代中期,蒲健辰等采集了长江江源地区冰川冰、雪、水样品,对其进行了化学特征分析。随后,阿尔泰山友谊峰地区、天山乌鲁木齐河源 1 号冰川、南迦巴瓦峰地区、横断山贡嘎山冰川以及玉龙山冰川等有关冰雪化学的报道相继出现,这些成果为在冰川区进行水体化学研究提供了宝贵资料,并为冰川区水化学的研究奠定了基础。20 世纪 80 年代末,邓伟对长江江源区的水化学基本特征进行了相关研究。皇翠兰等通过对青藏高原希夏邦马峰冰芯中阴、阳离子的分布特征进行分析,指出了阴、阳离子所表示的环境意义。刘凤景等研究了天山乌鲁木齐河融雪和河川径流的水文化学过程,得出了融雪径流的"离子脉冲"现象的原因,说明了该地区的水文过程主要受矿物的溶解-侵蚀影响。近年来,高寒流域水文化学过程的研究引起了越来越多的学者的关注。海洋型冰川区大气-冰川-融水径流系统记录了环境信息的现代演化过程,雪冰化学的环境意义与季风、冰雪的消融特征等因素有着紧密的关系。近几年,天山地区不同水体化学的研究也取得了较为系统的成果。高文华等通过对天山乌鲁木齐河源1号冰川连续4年(2004—2007年)进行冰川融水径流观测取样,应用数理统计、不同参数和模型比较等方法,对径流中总可溶性固体(TDS)和悬浮颗粒物(SPM)的特征及影响因素进行分析研究。冯芳等于2006年、2007年对乌鲁木齐河流域山区沿河源冰川区到中游山区的6个水文站点(1号冰川、空冰斗、总控、巴拉提沟、跃进桥和后峡)定期持续采集径流样品,对流域山区河流水化学组成、演化过程及影响因素进行了分析。王晓艳等逐日采集哈密榆树沟流域下游榆树沟水文站点的河水样品,综合运用描述性统计、相关性分析、Gibbs图、阴阳离子三角图示法,对主要的化学离子、pH、电导率(EC)、总可溶性固体进行了分析。

综上所述,目前有关我国流域水文化学研究的报道较多,但在研究范围上有待扩展,可以从不同的流域尺度出发,研究水化学与地理要素和人类活动之间的相互关系。

1.2.2 同位素水文学研究进展

20世纪50年代末,稳定环境同位素技术被科学家引入水文学领域,为水循环研究提供了新的途经,在地表水、地下水、水循环周期、大气降水的水汽来源、不同水体同位素的变化等方面都有着重要作用,尤其是在水循环转化关系较为复杂的干旱、半干旱地区。目前,主要有以下三个方面的研究取得了很大进展:①通过研究大气降水中稳定同位素的时空分布规律和演化机制,验证大气环流类型,追踪全球及局地尺度上的水汽来源和水循环机制等问题;②利用稳定同位素技术,获取地下水年龄、滞留(运移)时间、循环速度、更新周期、补给来源和补给高程等方面的重要信息;③认识流域的水文过程,辅助解释不同水体的来源、估算水循环速率、定量判断不同水体之间的相互转换关系等主要水文学问题。

1.2.2.1 大气降水中氢氧稳定同位素研究

大气降水作为水循环过程中的重要部分,其中的环境稳定同位素分析成为同位素水文学研究的第一站。1961年,国际原子能机构(IAEA)和世界气象组织(WMO)共同协作,建立了全球月降水稳定同位素观测网(Global Network of Isotopes in Precipitation,GNIP),其观测资料可应用于水文学、气象气候学、海洋学等多个研究领域,为同位素水文学的发展提供了数据支撑。目前,全球已建立了 800 多个 IAEA/WMO 降水同位素观测站点。Craig 通过研究全球大气降水的稳定同位素观测资料,发现降水中氢氧同位素组成之间存在着很好的线性相关关系,并给出了数学关系式 $\delta D=8\delta^{18}O+10$,即全球大气降水线(GMWL)方程。Dansgaard 根据 GNIP 观测数据,系统地阐述了降水中稳定同位素瑞利分馏过程、影响因素及其空间分布特征,指出了多年平均条件下降水中稳定同位素比例与平均温度之间存在简单的线性关系,并首次提出了降水中过量氘参数的概念,该研究为水体稳定同位素研究奠定了基础。

大气降水氢氧同位素组成分布很有规律,与地理和气候要素之间存在着直接关系。Yurtsever 对降水的平均同位素组成与高度、纬度、温度和降水量进行多元线性分析,表明温度是影响其组成的主要因素,其余因素的影响较小。由于大气降水中氢氧同位素值主要受蒸发和凝结作用的制约,所以,存在着如下效应。

(1)温度效应。稳定同位素瑞利分馏过程的分馏系数取决于当时的环境温度,温度越低,分馏系数就越大。而影响降水中稳定同位素含量的主要因素是水汽凝结程度,而不是分馏系数。水汽凝结程度主要受温度的控制,气温越低,水汽凝结程度越高,则降水中同位素含量就越低;反之,气温越高,水汽凝结程度越低,降水中同位素含量就越高。因此,降水中稳定同位素的含量与气温之间存在着正相关关系。这种关系是冰芯稳定同位素研究的基础,对研究冰芯古气候具有非常重要的意义。在全球尺度上,大气降水的同位素组成与温度之间的相关关系为正,但是不同地区和区域尺度上气温与 $\delta^{18}O$ 的线性关系存在较大差别,特别是海洋站点和大陆站点的 $T-\delta^{18}O$ 关系差别更大。

(2)降水量效应。大气降水同位素组成的平均值与空气湿度之间存在函数关系,因此,降水的同位素组成与当地的降水量存在着反相关关系,这种关系被称为降水量效应。降水量效应的产生可能主要与强烈的对流现象有关,另外,还受雨滴降落过程中与环境间的水汽交换作用以及蒸发效应等的影响。

(3)季节效应。大气降水中的同位素 δ 值夏季大、冬季小,这一现象称为季节性效应。通常,内陆地区大气降水同位素值的季节性变化相对较大。温度的季节性变化是大气降水同位素组成季节性变化的主要原因。同时,降水气团的迁移方向和混合程度对一些地区也有相当程度的影响。例如,滨海地区存在大陆气团和海洋气团的混合,导致其同位素组成的季节性变化混乱。

(4)海拔效应。大气降水的稳定同位素 δ 值随海拔高度增加而降低的现象称为海拔效应。Siegenthaler 和 Oeschger 研究指出,海拔效应是温度效应导致的,随着海拔高度的增大,温度会越来越低,水汽的凝结程度就越来越高,从而剩余的水汽越来越少,最终导致降水中同位素值比例也越来越小。我国已有很多关于降水稳定同位素海拔效应的研究。于津生等对有关西藏东部及川黔西部大气降水中 $\delta^{18}O$ 值与海拔效应的关系进行了分析。李真等对山地高海拔地区降水中 $\delta^{18}O$ 的统计资料进行了综合分析,指出全球山地高海拔区(5 000 m 以上)降水中 $\delta^{18}O$ 的垂直变化梯度为$(-0.4‰)/100\ m$。降水稳定同位素的海拔效应对示踪地下水来源和恢复古海拔高度都具有重要意义。

(5)大陆效应。降水的同位素含量由沿海到内陆逐渐减少的现象称为大陆效应。在水汽从海洋向大陆输送的过程中,水汽不断凝结而形成降水,且水汽中 $\delta^{18}O$ 剩余量越来越少,表现出明显的大陆效应。

(6)纬度效应。大气降水的平均同位素组成与纬度的变化存在着相关关系。从低纬度到高纬度,降水的重同位素逐渐贫化。纬度效应主要是温度和蒸汽运移过程中同位素瑞利分馏的综合反映。北美大陆大气降水的纬度效应为每纬度增加 $1°$,$\delta^{18}O$ 值减少 $0.5‰$。我国东北地区大气降水的纬度效应为 $\delta^{18}O=-0.24NL°+0.04$,$\delta D=-1.84NL°+6.88$。(NL°:北纬度)

1.2.2.2 地区水汽来源分析

在研究区域水循环的过程中,稳定同位素示踪法是探究局地大气降水水汽来源的一个重要手段。目前,运用稳定同位素进行降水水汽来源示踪研究主要有以下 3 种方法:①运用稳定同位素比例"高程效应"进行降水水汽来源示踪,主要原理是源自高海拔地区降水的稳定同位素含量较低,而源自低海拔地区降水的稳定同位素含量较高;②利用降水中过量氘参数(d 值)进行水汽来源示踪,基本原理是降水中 d 值可以反映水汽源区的蒸发条件,通常情况下,来自大陆蒸发的水汽形成的降水中 d 值较大,来自海洋蒸发的水汽形成的降水中的 d 值较小;③利用稳定同位素瑞利分馏模型追踪降水的水汽来源。

国际上关于地区水汽来源的研究开始得较早。Salati 等利用 $\delta^{18}O$ 对亚马逊河流域局地水汽循环进行研究,并示踪各水体对当地水资源的贡献;Rozanski 等利用 δD 和 $\delta^{18}O$ 对控制欧洲大气降水的主要水汽来源进行研究;Jouzel 等和 Joussaume 等将 δD、$\delta^{18}O$ 和大气环流模式(GCM)有效结合,模拟降水的源地和水汽循环过程;Charles 等也进行过相似的研究。基于降水同位素资料,Sengupta 等结合同位素分馏模型对夏季风盛行期新德里地区的两条主要水汽来源携带的水汽在局地降水中所占的百分比进行定量研究。通过研究降水同位素与当地气候因子的关系,Yamanaka 等阐述了蒙古国东部地区的水汽来源。

虽然我国学者利用稳定同位素研究水汽来源开始得较晚,但是也已经进行了相当丰富且深入的研究。1966 年开始,我国学者首次对珠穆朗玛峰降雪样中的 ³H 和 ¹⁸O 进行监测。1983 年开始,相关工作者陆续建立了降水同位素值长期观测站,进而获得了我国大气降水稳定同位素资料。近些年,我国相关学者利用氢氧稳定同位素方法对我国降水变化进行研究,并取得了很多具有重要意义的成果。庞洪喜等应用西南季风区典型代表站新德里和东南季风区典型代表站香港的夏季同位素资料,确定了两代表站季风降水的水汽来源,研究结果与基本的大气环流背景相吻合;降水中稳定同位素组成的差异与不同区域水汽来源或水汽循环有关,青藏高原南部、中部和东部地区降水和 SD 值都受季风活动的影响。近年来,有关整个西北地区的水汽输送过程、变化规律和机制等方面的研究也有了一些重要的研究进展。Liu 等通过对我国西北地区降水中 $\delta^{18}O$ 的时空分布特征进行分析,揭示了西北干旱区不同季节的降水水汽来源及运动路径。陈中笑等通过对我国降水稳定同位素的时空分布特征及其影响因素进行分析,发现西北的乌鲁木齐、张掖和和田的降水 $\delta^{18}O$ 的差异较大,$\delta^{18}O$ 与 δD 的关系及其受水汽来源的影响也存在较多疑问。侯典炯等通过分析全球降水同位素观测网络乌鲁木齐站的观测资料,揭示了乌鲁木齐大气降水的水汽来源及其性质。基于对降水的 δD、$\delta^{18}O$ 和 d 值的研究,Zhao 等提出黑河流域的水汽来源主要受大气环流模式的影响。Kong 等运用过量氘参数(d 值)定量计算了东天山半干旱地区的再循环水汽比例。

1.2.2.3 示踪地表水和地下水补给来源

水体中稳定同位素包含着丰富的信息,有关的研究工作已经由大气降水逐步扩展到河水、湖水、地下水、积雪、冰川等多相态水体的相互演化中。来自不同水体的水化学组分都带有母体的标志性特征,可以很好地识别不同的来源组成及其贡献比例。以 D 和 ¹⁸O 作为示踪剂,Dincer 等和 Bottomley 等研究了降水和基流在降水径流中所占的比例。基于湖泊、河流、排水渠道和浅层地下水的蒸发效应引起重同位素富集而偏离全球大气降水线或地区大气降水线的差异,McCarthy 等研究了俄勒冈州波特兰附近哥伦比亚河河水与地下水之间的水力联系。Katz 等分析了地表水和地下水之间在水化学和同位素组成上的明显区别,为地表水和地下水系统提供了定量的研究方法;Harrington 等研究了澳大利亚中部地下水补给的时空分布特征,从而确定了地下水的演化过程;Weyhenmeyer 等运用稳定气候条件下降水同位素组成的高程效应研究,确定了其主要补给面积和地下水流路径,并量化了不同高程处地下水的补给比例。

我国在运用同位素技术研究流域水循环时主要集中在水循环机理的实验研究及我国特异地区的流域水循环的应用研究两个方面。顾慰祖等利用地下水氧同位素关系线斜率和过量氘参数(d值),研究了乌兰布和沙漠北部地下水资源的环境同位素,并划分出了承压水的成因类型和补给源。田立德等对青藏高原各水体同位素进行了较系统的研究。根据乌鲁木齐河流域河水、冰川融水、表层雪和大气降水等同位素分析结果,章新平等揭示了不同水体的稳定同位素特征及相互间的作用,并对水循环过程中稳定同位素变化的影响因子进行了评估。张应华等通过黑河中游盆地绿洲灌溉区地表水和地下水中稳定同位素值的分析,报道了该区域地下水和地表水之间的转化受农田灌概的影响较严重。陈宗宇等根据黑河河水与地下水的相互转化关系,应用均衡和同位素质量守恒方程对河道均衡进行计算。陈建生等利用同位素的方法分析了巴丹吉林沙漠沙山与湖泊群的形成机理。宋献方等结合水化学和氧稳定同位素的分析结果,计算了怀沙河流域内不同部位地下径流和地表径流对河川径流的相对贡献率,揭示了地下水和地表水之间的相互转化关系。姚檀栋等对青藏高原河水和降水中δ^{18}O的高程递减率进行了研究,结果显示,印度季风带来的水汽对青藏高原河水和降水氧同位素组成有着重要的影响。高晶等通过对羊卓雍错流域湖水的氧稳定同位素空间分布特征进行分析,初步探讨了冰川融水对湖水的补给情况。杨晓新等对藏东南地区水体氧同位素的时间和空间上的变化规律进行研究,认为河水是大气环流和地表水文过程二者共同作用的结果。研究者对天然水体中稳定同位素逐步深入研究的同时,对各水体中氢氧同位素行为的模拟和实验研究也日趋成熟。此外,同位素质谱技术的发展,为同位素技术在水文学领域的广泛应用提供了坚实的基础。武选民等运用环境同位素报道了黑河流域下游区地下水的补给问题。

1.2.3 同位素径流分割研究进展

20世纪70年代,水文学家首次将同位素径流分割方法引入水文学中。作为水文学应用中的一个基本问题,径流分割既有物理机制,又能避免传统图形法的主观性,因此该方法得到了广大学者的认可。其应用范围已从产流理论研究拓展至地表水与地下水间的相互作用,以及生态水文过程等多个研究领域。Martinec利用环境同位素氚研究水循环中的径流机理,阐明了慢速地表径流与地下径流的关系。Sklash利用δ^{18}O技术对春季暴雨洪水进行径流分割,结果显示地下水是暴雨径流的主要补给来源,洪峰期补给量达 50%以上,地下水的快速补给通道是河道附近的快速地下径流补给区域。Buttle 在 1994 年提出了径流分割总的方法论及其野外应用,使得这一理论和研究方法趋于成熟。同位素径流分割法中各个参数存在不确定性,而该不确定性会对分割结果产生误差,鉴于此,学者们就这一问题进行了探讨。

Uhlenbrook 等总结了该方法的误差来源:①流量测量及实验室测量误差;②示踪剂的海拔效应;③降水过程中^{18}O 发生变化;④产流过程中矿物质发生溶解;⑤示踪剂的时空异质性。

Goller 建议使用下述方法求得较精确的误差范围:①用观测期全年内降水的 δ^{18}O 年平均值取代当天的 δ^{18}O,作为误差上限;②运用降水后一天的 δ^{18}O 来代替当天的 δ^{18}O,作为误差下限。冰雪融水径流的同位素径流分割难度较大,目前有关冰雪融水误差机理的研究推动了采样方法及消除误差方法的发展。

国内对天然水体的氢氧同位素径流分割研究开始于 20 世纪 90 年代左右。Gu 在天山乌鲁木齐河以 δ^{18}O 为示踪剂,在不同地点和时段做径流分割,结果表明乌鲁木齐河的主要补给来源是地下水和雪融水。顾慰祖等以环境同位素^{18}O 为示踪剂,建立了二水源分割模型,对江西藤桥流域进行流量过程线分割,并确定了环境同位素划分流量过程线的基本前提。刘凤景等以我国天山乌鲁木齐河为例,开展了径流分割和水文化学过程的研究工作,为径流分割方法在冰川流域的应用开辟了新路径。瞿思敏等指出国内同位素径流分割还存在研究人员太少和资金不足等问题,而且采样工作应该作为一个重要方面来实施。Liu 等在流域内各个汇水区展开采样分析,对黑水河流域(长 122 km)基流进行二水源同位素径流分割,得出其中雪水所占的比例;吕玉香介绍了同位素和水文化学划分流量过程线的原理,综述了国内外关于流量过程线分割各种模型的发展历程以及优缺点,并指出不确定性分析的方法已经逐渐多样化和精确化,而国内在该领域的研究却较少,今后应加强不同尺度和水文地质条件流域的研究。孔彦龙等综述了高寒流域同位素径流分割方法的原理及其应用进展,强调其对全球变化的指示意义,详细阐述了雪融水稳定同位素变化特征机理,确定了即时值(CMW)、加权平均值(VWA)及径流校正(RunCE)等误差处理方法和各自的优缺点,提出同位素径流分割可以与 GIS 软件等结合以拓宽其研究的空间尺度,与水化学及人工试验等方法相结合以改进其研究手段,并能结合高寒流域独特地形来研究山区产流机制。蒲焘等对玉龙山湿季的径流进行二元混合模型分割,结果显示:平均而言,54.3%的径流来自于冰川融水,剩余的 45.7%的径流来自降水。在湿润季节,冰雪融水对径流的贡献是 40.7%～62.2%,而降水的贡献从 37.8%升至 59.3%,径流分割的不确定性主要由示踪剂浓度的变化引起。Kong 在对新疆地区气候变化及其对乌鲁木齐河和库玛拉克河径流影响分析的基础上,运用同位素径流分割模型进行研究,指出不同冰川河流对气候的敏感度不同。王荣军选取天山北坡军塘湖流域为研究区,以 ^{18}O 为示踪剂,根据产流机制分时段对融雪期径流进行分割,计算出了不同水体在河水中所占的比例。

1.2.4 榆树沟流域水化学同位素研究现状

目前,榆树沟流域已开展的水体研究大多是对降水量、径流量及季节分布、洪水及泥沙等水文特性的研究,榆树沟流域径流对气候效应的响应,以及榆树沟流域高山区冰川研究。1986 年中国科学院兰州冰川冻土研究所对该流域高山区的冰川进行了编目,为该流域冰川及其他水资源的研究开辟了先河。骆光晓等首次对榆树沟流域的水文特征进行研究,重点对该流域的地形条件、径流分布、洪水特征、推移质泥沙特征等进行分析,为以后该流域的水资源研究打下了基础。吉锦环等对哈密盆地典型河流枯季径流进行分析,指出了榆树沟流域的年径流量、枯水期径流量、正常流量模数、枯水流量模数,并提出了一些区域性的基本规律。马雪娟等研究了在全球气候变暖的背景下榆树沟流域的径流变化,根据山区巴里坤气象站的气温、降水资料和流域唯一水文站的水文资料,分析了河道径流变化情况。张洪艳等以榆树沟流域水体为研究对象,结合流域的自然地理概况,依据榆树沟水文站实测资料进一步分析了榆树沟流域的降水、蒸发、径流、洪水及泥沙等水文特性,得出了各水文要素的变化规律,为哈密地区的社会经济发展提供了科学依据。

目前,对水化学特征及其控制因子的研究很少。吕惠萍等在对哈密地区地表水资源质量及变化趋势的研究中,指出了榆树沟流域河流矿化度、总硬度季节性变化以及河流水质现状。骆光晓等分析了哈密地区地表水资源质量现状,报道了榆树沟流域河流矿化度、总硬度随季节变化,并指出了该流域的河流的水质属于Ⅱ类,榆树沟水库的水质在汛期呈Ⅲ类,在非汛期呈Ⅱ类。蔡云标利用榆树沟水文站 10 年和下游榆树沟水库 5 年的水化学资料对该流域水体的水化学类型、矿化度、总硬度及其年内年际变化进行了研究,结果表明该流域的天然水化学特性良好,年际变化不大,年内水体质量随径流量的变化而变化,但相对变化不大,属较低矿化度的水源,水质可以满足下游各行业用水需求。

目前,关于榆树沟流域水体稳定同位素的研究还尚未有报道。

1.3 研 究 内 容

本书以天山哈密榆树沟流域各水体为研究对象,在综合应用野外观测、水化学、同位素等方法的基础上,针对该流域河水、降水、地下水、冰川融水、雪融水及其相互间的水文过程进行深入研究,开展的研究内容如下:

第 1 章为绪论,内容包括选题依据与研究意义、国内外研究进展、研究内容及结构安排。

第 2 章为研究区概况,介绍榆树沟流域的自然地理概况(地理位置、地质地貌、土壤与植被、冰川分布)、气象水文特征(气温、降水、径流等)。

第 3 章为研究方法与样品采集,详细描述本书采用的研究方法、野外样品采集与实验室测量及其他相关数据资料的获取。

第 4 章为研究区各水体水化学特征及其环境意义,包括流域径流、地下水的 pH、电导率、离子组分及随时间变化及其影响因素、水化学类型,离子的来源和控制因素,包括与自然地理、地质条件的关系,受岩石风化、温度、降水量、日径流量的影响,以及大气降水的水化学特征及其离子来源分析。

第 5 章为流域山区各水体稳定同位素特征及其环境意义,主要内容:大气降水稳定同位素特征、季节变化、大气降水线变化特征、与气候因素的关系(降水量、温度效应)、d 值与温度的关系;地表径流中 $\delta^{18}O$ 和 δD 变化特征、时空变化的原因及其环境效应;不同水体中稳定同位素的时空分布规律和相互转换关系;建立径流分割模型,定量估算流域河水的水源及其各组分的比例,分析冰雪融水资源对于区域水资源的贡献;根据误差传导公式进行不确定性分析。

第 6 章为本书的主要结论及展望。

第2章 研究区概况

2.1 自然地理概况

2.1.1 地理位置

哈密榆树沟流域位于天山山脉东部喀尔里克山南坡,东与庙尔沟流域为邻,西接故乡河流域,北以天山山脊线为界,南面是辽阔的哈密盆地,介于东经 93°57′~94°19′、北纬 43°02′~43°11′之间。流域共有黑阿腊达坂河、艾格孜乌勒河、查尔诺干、艾力什拜希河等 7 条支流,全流域唯一水文监测站——榆树沟水文站(海拔为 1 670 m,东经 93°57′,北纬 43°05′)位于流域出山口以上 15 km。监测站以上河长为 34 km,集水面积为 308 km²,平均高度为 3 091 m,流域平均坡度为 38.2‰,河槽平均比降为 54.0‰。地势北高南低,由东北向西南倾斜,流域最高海拔为 4 886 m,出山口海拔为 1 300 m。

2.1.2 地质地貌概况

榆树沟流域地质构造主要由石灰岩和华力西期花岗岩组成。由于受到寒冷和大风影响,所以区域内山体受到明显的风蚀和剥蚀作用,随处可见光秃山地。研究区内地形多为中高山区地形,山势陡峻,岩石裸露,山峰呈锯齿状,多悬崖峭壁。河流两岸多为丘陵地形,第四系地层多分布于河流及河床形成的阶地,阶地级数有五级。最高一级比河面高 70 多米。河床中卵石主要是洪积、冲积沙砾石,粒径通常为 2~700 mm,个别达到 1 000 mm 以上。

2.1.3 土壤与植被

榆树沟流域山区土壤主要为高山和亚高山草甸土、石灰岩风化土和山地栗钙土。天山云杉和落叶松分布于流域海拔 3 600～2 500 m 区间,该区间夏季牧草茂盛,是天然的牧业基地。海拔 2 500 m 以下区域,植被生长较差,少量的榆树、胡杨树、杂草集中分布于河流两侧,山坡处植被很少,主要生长有泡泡刺、麻黄等。

2.1.4 冰川分布特征

流域海拔 4 050 m 以上区域为永久积雪覆盖区和现代冰川作用区,冰川末端海拔介于 4 360 ～3 500 m,共有大小冰川 9 条,冰川总面积约为 22.85 km²(面积大于 4.0 km² 的有 4 条),冰储量为 1.59 km³,占哈密地区冰川面积和冰储量的 14.7% 和 20%,冰舌下端有两个面积约 1.01km² 的冰湖。榆树沟流域是哈密地区冰储量最多、面积最大的流域。

对遥感资料和实测资料的分析显示,自 20 世纪 80 年代以来,榆树沟流域高山区的冰川普遍出现强烈退缩,预计未来 20～40 年,1 km² 左右的小冰川将趋于消失,大于 5 km² 的冰川消融强烈,季节性积雪融水减少。该流域的冰川变化主要体现在以下四个方面:①冰川末端海拔上升幅度出现加剧状况;②冰川面积呈现减小的趋势;③冰川表面形态发生了剧烈的变化,厚度减小;④整体体现了冰川规模越小退缩越明显的规律。

冰川编目显示,1972 年榆树沟流域冰川平均厚度为 70 m。据实测,2011 年榆树沟冰川冰舌的平均厚度约为 47 m,冰川整体厚度至少是 50 m。由此可见,从 1972 年到 2011 年,该冰川厚度平均减小了 20 m,年均约减小 0.51 m。

2.2 气象水文特征

榆树沟流域位于天山南麓,深居内陆,该区大气降水主要的水汽来源是西风环流带来的大西洋汽流,还受更干燥的北冰洋汽流的影响,水汽经漫长的输送,沿途不断有降水发生,到达东部天山时大气中水汽含量已很低;并且离海洋较远,其在气候带中为温带山地干旱气候。因此,榆树沟流域内水汽条件不充足,夏热冬冷、风多雨少是该地区的主要气候特点,而且气温随高度增加而降低,同时降水量随高度而增加。

2.2.1 气温和降水变化特征

2.2.1.1 气温

流域内地形分为高山、中山、低山 3 个地带,因而地形不同,气温差异显著,整体气候呈立体分布。高山区终年积雪不化,气温随山地高程降低而升高。根据榆树沟流域水文资料,榆树沟水文站历年极端最高气温为 34.2 ℃,极端最低气温为 -25.8 ℃,年平均气温为 5.9 ℃。7 月份平均最高气温为 21.0 ℃,1 月份月平均最低气温为 13.9 ℃。

哈密地区东天山山区气象代表站巴里坤站,设立于东天山北坡(东经 93°04′,北纬 43°44′,海拔为 1 638 m),该气象站监测的资料基本可以指示东天山整个山区的气候变化情况。表 2.1 及图 2.1 表明,在 1957—1984 年期间,哈密地区东天山山区年平均、夏天和冬天的气温相对较稳定,而从 1984 年开始气温整体表现出持续上升的趋势。

表 2.1　巴里坤气象站不同年代气温统计

所处位置	海拔高程/m	年代	夏季平均/℃		冬季平均/℃		年平均/℃	
			距平①	气温	距平	气温	距平	气温
天山北坡	1 638	20 世纪 60 年代	0.57	15.97	-0.38	-14.00	-0.42	1.18
		20 世纪 70 年代	-0.53	16.01	-0.68	-14.30	-0.57	1.03
		20 世纪 80 年代	0.20	16.74	-0.08	-13.70	0.11	1.71
		20 世纪 90 年代	1.13	17.67	1.58	-12.04	1.2	2.80
		1998—2007 年	1.8	18.6	1.5	-11.9	1.4	3.3
		1957—1966 年	-0.7	16.1	-0.4	-13.8	-0.7	1.2
		多年实例		16.8		-13.4		1.9

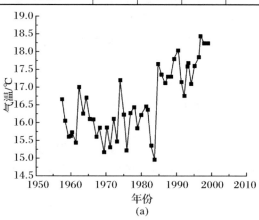

图 2.1　巴里坤气象站夏季和冬季气温变化趋势

(a)夏季

---

①　某年平均温度与多年平均温度的差

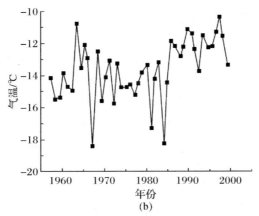

续图 2.1　巴里坤气象站夏季和冬季气温变化趋势

(b)冬季

2.2.1.2　降水

榆树沟流域的降水主要集中在 5～9 月份,该时期的降水占全年降水量的 79.6%。每年的 10 月至次年 3 月,地面受强大的蒙古高压影响,气候干燥寒冷,此间降水量仅为全年的 14.5%,且主要以固态形式分布于山区。随时间的延续,绝大部分固态降水被蒸发。通过对榆树沟水文站资料进行统计和分析得出,7 月份降水量就占全年的 24.9%;每年的 6～9 月为降水量最大的 4 个月,达到全年降水总量的 70.3%。榆树沟水文站年蒸发量达到 1 232.6 mm,干旱指数为 8.6。据榆树沟水文站报道,该区多年平均降水量为 149 mm,最大年降水量为 211 mm,最小年降水量仅为 76 mm;多年平均蒸发量则为 1 936 mm,最大年蒸发量达到了 2 568 mm,最小年蒸发量也达到了1 309 mm。全流域降水量由高山向盆地递减,由东北向西南减少,海拔 4 000 m 以上区域的年降水量在 400～500 mm 之间。榆树沟流域地形每升高 100 m,降水量就增加 12.6 mm,基本符合哈密地区天山南坡的年降水量随地形每升高 100 m 增加 13.0 mm 的普遍规律。但是,蒸发量呈现相反的态势,即地形升高蒸发量则减少。

表2.2　榆树沟水文站多年平均降水量、蒸发量及年内分配

月　份	1	2	3	4	5	6	7	8	9	10	11	12	全年
降水量/mm	1.2	2.4	3.1	11.6	12.5	25.1	37.5	27.7	15.6	9.1	2.9	1.6	150
百分比/(%)	0.8	1.6	2.0	7.8	8.3	16.7	25.9	18.4	10.4	6.0	1.9	1.1	100
蒸发量/mm	25	49	122	208	302	301	286	285	224	138	57	27	2025
百分比/(%)	1.3	2.4	6.0	10.3	14.9	14.9	14.1	14.1	11.1	6.8	2.8	1.3	100

2.2.2　径流水量变化特征

根据榆树沟水文站 29 年的水文监测资料(见图 2.2)可知,榆树沟水文站的年径流量呈递增趋势。根据实测资料得出,榆树沟水文站的 2000—2010 年的年径流量比 20 世纪 80 年代平均每年多出 31.9%(约 1 000 万 m³)的水量。

高山区冰雪融水和山区直接降水是榆树沟流域径流的两大来源,因而径流量主要受温度和降水的调控,径流量能够综合反映该区的高空温度、地面温度、前期降水、降水过程等。高山冰雪融水占年径流总量的 25.8%,使得榆树沟河道径流量保持在相对稳定的状态。榆树沟水文观测站实测资料显示,该站多年平均径流量是 5 188 万 m³,最大年(2001 年)径流量为 7 387 万 m³,最小年(1985 年)径流量为 3 320 万 m³,多年平均年径流深为 142 mm。该流域径流量年内变化大,季节分配情况见表 2.3。每年的 10 月至次年的 3 月,由于高山区的泉水补给,河道径流量比较稳定。4 月为该流域春季到夏季的过渡期,虽然山区降水开始增多,但温度也在升高,这使得大部分山区积雪被蒸发。5~9 月,全流域温度高,高山冰川强烈消融,而且山区降水增多(该时段降水量占年降水量的 79.6%),使得河道水位升高,径流量猛增,占河道年径流量的 87.7%。

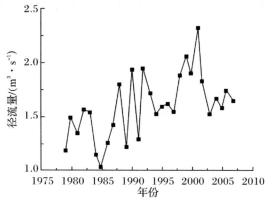

图 2.2　榆树沟水文站年平均径流量变化趋势

表 2.3　榆树沟流域年径流量的季节分配

站　名	多年平均径流量/万 m³	春季/(%) 3~5 月	夏季/(%) 6~8 月	秋季/(%) 9~11 月	冬季/(%) 12~2 月	最大月 7 月	最小月 2 月
榆树沟	5 188	14.5	69.3	12.7	3.4	27.9	1.0

2.2.2.1　洪水

榆树沟流域的洪水从类型上分为暴雨型洪水、冰雪型洪水及暴雨冰雪混合型洪水 3 种。其中,暴雨冰雪混合型洪水造成的危害最为严重,暴雨冰雪混合型洪水一般发生在每年的 6 月下旬～8 月中旬,往往在洪水发生前期持续高温,再遇大范围高强度暴雨,造成高山冰川末端在暴雨的冲刷作用下,大面积的冰面被迫消融,形成暴雨冰雪混合型洪水。这类洪水洪高量大,暴涨缓落,持续时间长,易给下游哈密市区造成重大灾害。如 2007 年 7 月 19 日的特大洪水,就是 7 月 16、17 日的大暴雨遭遇 7 月中上旬的持续高温天气引起的,洪峰流量高达 94. 8 m³/s,其洪水过程线如图 2.3 所示。

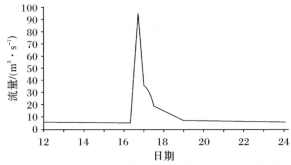

图 2.3 2007 年 7 月 19 日榆树沟暴雨冰雪混合型洪水过程线

选用榆树沟水文站年最大洪峰流量,采用 P-Ⅲ型曲线,计算榆树沟不同频率的设计洪峰流量,见表 2.4。

表 2.4 榆树沟设计洪水计算结果

项 目	均 值	C_V	C_S/C_V	001	0.2	0.5	1	2	5	10
洪峰流量	36.38	1.2	4	431	370	291	235	180	115	73.1

注:C_V——变差系数;C_S——偏态系数。

2.2.2.2 泥沙

榆树沟流域的集水区植被较差,不仅是河川径流的形成区,同时也是河流泥沙的产沙区,每到汛期,高山冰雪融水强烈,加上中低山带的暴雨洪水,易携带大量泥沙进入榆树沟水库库区。因此,榆树沟水文站所测得的径流和泥沙资料不仅包括河流年径流量的最大值,同时也包括河流泥沙总量的最大值。榆树沟流域悬移质含沙量年内分配见表 2.5,实测推移质和悬移质泥沙比较见表 2.6。

表 2.5 榆树沟流域悬移质含沙量年内分配

站 名	多年平均输沙量/10⁴ t	春季/(%) 3～5 月	夏季/(%) 6～8 月	秋季/(%) 9～11 月	冬季/(%) 12～2 月	最大月/(%) 7 月
榆树沟	2.48	14.3	84.5	1.2	0.0	54.5

表 2.6　榆树沟流域实测推移质和悬移质泥沙比较

年 份	年径流量 /(10^8 m³)	悬移质泥沙		推移质泥沙/(10^4 t)		推移质占 悬移质沙量 的比例/(%)
		年输沙量 /(10^4 t)	年均含沙量 /(kg · m⁻³)	年输沙量	最大日 输沙量	
1986	0.403	0.509	0.149	0.017	0.009	2.77
1987	0.451	0.410	0.091	0.008	0.005	2.02
1988	0.577	1.328	0.230	0.493	0.061	37.12
平均	0.477	0.779	0.157	—	22.16	—

　　榆树沟流域的泥沙除悬移质泥沙外,还有推移质泥沙。推移质泥沙资料比较少,仅在 20 世纪 80 年代做过少量调查。

第3章　研究方法与样品采集

3.1　研究方法

3.1.1　水化学特征研究方法

目前,常用的水化学特征研究方法主要有离子组合及比值法、Gibbs 图示法和三角图示法等。

3.1.1.1　离子组合及比值法

由于自然水体受到混合、蒸发等多种综合因素的影响,所以单一离子浓度不能判断其物质来源。运用两种可溶组分的元素或元素组合的比值,可以抵消因稀释或蒸发带来的变化,是探讨不同水体混合过程和物质来源的有效方法。

自然界水体中的 Ca^{2+}、Mg^{2+} 和 HCO_3^- 大多源自含钙、镁的硫酸盐或碳酸盐矿物溶解,由此,利用 $C_{(Ca^{2+}+Mg^{2+})} : C_{(HCO_3^-+SO_4^{2-})}$ 比例系数法来解释这几种离子的来源是可靠的。前人研究得出,$C_{(Ca^{2+}+Mg^{2+})} : C_{(HCO_3^-+SO_4^{2-})} > 1$,表示水体中的 Ca^{2+} 和 Mg^{2+} 主要来自碳酸盐矿物的溶解;$C_{(Ca^{2+}+Mg^{2+})} : C_{(HCO_3^-+SO_4^{2-})} < 1$,表明是硅酸盐或硫酸盐物的溶解;$C_{(Ca^{2+}+Mg^{2+})} : C_{(HCO_3^-+SOO_4^{2-})} \approx 1$,则表示同时有硅酸盐矿物和碳酸盐矿物的溶解。

学者们还发现,$C_{Na^+} : C_{Ca^{2+}}$、$C_{Mg^{2+}} : C_{Ca^{2+}}$ 也可作为常用的区分溶质大致来源的方法。一般而言,以方解石溶解作用为主的地下水,其 $C_{Mg^{2+}} : C_{Ca^{2+}}$、$C_{Na^+} : C_{Ca^{2+}}$ 比值相对较小;以白云岩风化溶解作用为主的地下水 $C_{Mg^{2+}} : C_{Ca^{2+}}$ 比值(约为 1)和 $C_{Na^+} : C_{Ca^{2+}}$ 比值较大;常温条件下,地下水的白云石和方解石平衡时,$C_{Mg^{2+}} : C_{Ca^{2+}}$ 的值大约是 0.8。另外,$C_{(Na^++K^+)}$ 和 C_{Cl^-} 的比值关系可以反映溶解

过程中是否有硅酸盐矿物溶解。如果地下水中 $C_{(Na^+ + K^+)} : C_{Cl^-}$ 接近于 1，则代表地下水中的 K^+ 和 Na^+ 主要来自岩盐溶解；如果地下水中 $C_{(Na^+ + K^+)} : C_{Cl^-}$ 远大于 1，则说明地下水中的 K^+ 和 Na^+ 含量不只受岩盐溶解的影响，还明显伴有硅酸盐矿物的溶解。

采用这种方法，能够快速得出某地区水体中部分化学组分的主要来源，粗略地解释水化学成因机理，但要详细说明溶质成分的来源及过程，还需要结合其他手段。

3.1.1.2　Gibbs 图示法

为了更能直观地比较地表水的化学组成、形成原因以及彼此间的相互关系，Gibbs 通过对世界各地地表水化学组成的分析，得出控制天然河水组成来源的三个因素——降水控制型、岩石风化型和蒸发-结晶型，可以定性地判断区域岩石、大气降水及蒸发-结晶作用对河流水化学组成的影响。纵坐标以对数刻度表示总可溶性固体（TDS），横坐标是 $C_{Na^+} : C_{(Na^+ + Ca^{2+})}$ 或 $C_{Cl^-} : C_{(Cl^- + HCO_3^-)}$ 的质量浓度比值的算术值。TDS 含量很低且离子比值较高（接近于 1.0），表明该河流离子来源主要受大气降水补给影响；TDS 含量稍高且离子比值小于 0.5，表明该河流的离子主要来源于岩石的风化释放；TDS 含量很高且离子比值也高（接近于 1.0）的河流通常分布于蒸发作用很强的区域，海水亦分布在这一区域。

3.1.1.3　三角图示法

阴、阳离子三角图示法作为一种对水样进行分类的图示方法，可表示河水溶质载荷主要阴离子和阳离子的分布特征和相对丰度，从而揭示出不同岩石风化作用对河水总溶质成分的相对贡献率。

一般而言，在阴离子组成三角图上，流经碳酸盐岩地区的河流以 HCO_3^- 为主导，因此数据点均靠近 HCO_3^- 组分一端；流经蒸发盐岩地区的河流 Cl^- 和 SO_4^{2-} 含量较高，其组分点落在（$Cl^- + SO_4^{2-}$）线上，并且远离 HCO_3^- 一端。在阳离子组成的三角图中，主要受碳酸盐岩影响的河流，其数据点落在 Ca^{2+} 端，白云岩风化产物组分点会分布在（$Ca^{2+} — Mg^{2+}$）线上，蒸发盐矿物风化产物则偏向于（$Na^+ + K^+$）端。

3.1.2　水体稳定同位素研究方法与原理

3.1.2.1　基本原理

水是一种极为重要的氢氧化合物，由多种不同的氢氧同位素组成。氢同位素有 ^1H 和 ^2H 两种，氧有 ^{16}O、^{17}O 和 ^{18}O 三种同位素，由于 ^{17}O 同位素丰度相对

^{18}O较小,所以在实际应用过程中注重含有^{16}O 和^{18}O 的水分子组分。由于同位素之间存在质量的差异,所以不同同位素的物理化学性质也不尽相同。在不同相变过程中,水体同位素含量发生变化的过程称为同位素分馏。热力学反应过程中经常会出现同位素分馏,其结果将导致反应物和生成物中同一种同位素的浓度不成比例。

氢氧同位素分馏主要是蒸发和凝结过程中的分馏。^{1}H 和^{16}O 同位素比^{2}H 和^{18}O 同位素更容易发生分馏。氢氧同位素在水文过程中因其物理性质受蒸发、凝结等影响而形成分馏,使得不同水体中的氢氧同位素特征出现明显的差异。大的气候变化可以明显地改变地下水、地表水和冰川中的淡水储蓄量。在不同的气候条件下,海洋蒸发、降水、再蒸发,冰雪的积累和融化以及地表径流等循环的每一个环节都会使^{18}O 和^{2}H 在水体相变过程中产生分馏现象。因此,水循环各个环节中水体氢氧同位素的组成特征可以有效地示踪一个区域的水文循环过程。

3.1.2.2 降水中的氢氧同位素关系——大气降水线

Craig 根据全球降水资料指出,大气降水氢氧稳定同位素的含量之间存在密切的相关关系,并报道了二者之间的线性关系式为$\delta D = 8\delta^{18}O + 10$,即为全球大气降水线(GMWL)方程。

在云团冷凝过程中,同位素产生瑞利分馏,使得全球不同区域的大气降水中氢氧稳定同位素的组成也不尽相同。并且,各地的局地环流产生的水汽及其蒸发模式不同,各局地大气降水线(Local Meteoric Water Line,LMWL)通常偏离GMWL。局地降水的氢氧同位素组成的差异性表现为以下四个过程:①雨除机制(大陆循环和降水分馏);②海洋水汽源区的湿度等气象条件;③气团的混合与相互作用;④二次分馏效应。

根据$\delta D - \delta^{18}O$ 关系曲线可以直观地反映以下四条规律:

(1)温度低的寒冷季节,远离海洋的内陆、高海拔区或高纬度区的大气降水的同位素组成点通常散布于全球降水线的左下方;反之,其降水的同位素值分布在全球降水线的右上方。

(2)蒸发线斜率通常偏离全球降水线或大区域降水线,斜率越小,就越偏离降水线,并且蒸发作用就越强烈。

(3)蒸发线和降水线的交点,可近似反映其蒸发作用的强烈程度。

(4)两种不同端元水体混合,混合水体与两种端元间的距离,可以近似地反映两端元的混合比例。

3.1.2.3 大气降水的氢氧同位素组成及分布规律

大气降水的氢氧同位素组成及分布规律与地理和气候因素存在着直接的关系,其中温度是主导影响因素。降水中同位素含量与地面温度之间存在着正相关关系。Dansgaard 等研究指出,在中高纬度的滨海地区,降水中的稳定同位素含量与年平均气温 T 之间具有很好的正相关关系: $\delta^{18}O=0.69T-13.6‰, \delta D=5.6T-100‰$。

大气降水中的 δD 和 $\delta^{18}O$ 随着纬度的升高而减小。从沿海向内陆,全球降水中 $\delta^{18}O$ 和 δD 呈现显著降低的趋势,这一现象被称为大陆效应。随水汽从沿海向内陆输送的不断深入,同位素沉降作用越来越明显,从而导致降水中重同位素含量逐渐减小,而剩余水汽中重同位素含量也相应逐步减小。

降水中稳定同位素比例随海拔高度增大而减小的现象称为"高度效应"。高度效应是由温度效应引起的,因为随着海拔高度的逐渐增大,温度越来越低,水汽的凝结程度也越来越高,剩余水汽却越来越少,从而导致了降水中同位素比例也越来越小。降水量在某种程度上能反映云中的水汽凝结程度,由此形成了降水量效应。综上所述,全球大洋、淡水和大气水三者之间的循环较复杂,水体中稳定同位素的含量受多种因素的综合影响。

3.1.2.4 大气降水的水汽来源研究

目前,利用稳定同位素示踪法来研究区域大气降水水汽来源是水文学家共同关注的热点。与全球降水线方程相比,任何地区的大气降水都能计算出一个氘过量参数 d 值,即氘盈余 d,被定义为 $d=\delta D-8\delta^{18}O$。 d 值的大小相当于研究区的降水线斜率为 8 时的截距,反映了蒸发过程的不平衡程度。如果水体相变过程中发生了稳定同位素平衡分馏,则水体相变过程中 d 值将保持不变, d 值的主要控制因素是降水源区的相对湿度。

氘过量参数 d 值变化受水蒸发凝结过程中的同位素分馏影响,因此其影响因素的定量分析尤其重要。Dansgaard 对北大西洋沿岸(温带和寒带)资料进行分析得出,大气降水线的斜率接近于 8。而热带和亚热带岛屿地区,降水线的斜率典型值则为 1.6~6。降水量少而蒸发强烈的干旱和半干旱地区,降水线斜率大都小于 8,很少出现斜率大于 8 的情况。

3.1.2.5 地下水和地表水补给来源研究

在水体相变的过程中,稳定同位素会受到平衡分馏和动力分馏的共同作用。不同水源的水体其同位素组成特征不同,这是利用水体中稳定同位素变化来研究水循环过程的基础。

地下水同位素值受到补给水水源的同位素组成、水源形成时的天气条件以及水通过土壤和蓄水层运动时的交换和分馏三者共同作用。因此,可以利用同位素组成来判定地下水的补给来源。

作为水循环过程的一个重要环节,地表径流通过蒸发和补排途径与地下水、大气降水和冰雪融水不断发生转化。刘忠方等认为,开展河水中稳定同位素示踪研究,不仅有利于进行河川径流资源的环境监测,而且可以判别河流的不同水体来源。以大气降水为主要来源的河流水系中,水体的同位素组成基本反映了大气降水的特征,这些水体的同位素值出现明显的季节性变化规律。高山区的径流往往需依赖于冰雪消融水,这种成因的小河流的同位素组成也呈现出明显的季节性变化,但其季节性变化情况恰恰与大气降水相反。在夏季时,冬季储存的大量冰雪逐步消融,消融水与夏季降雨相比含有相对较低的同位素 D 和 ^{18}O,甚至低于冬季降水。这种与大气降水相反的同位素季节性效应,是冰雪消融水占优势的河水同位素组成的一个显著特征。

同位素径流分割法对于研究流域径流形成机制、追踪水源成分及分析水文过程有着非常重要的作用。目前,二水源和三水源径流分割法已经得到了广泛的应用。

3.2　样品采集

实践表明,一般情况下采样引起的误差远大于实验室分析误差,分析数据质量不好以及解释错误在很大程度上与采样质量不好有很大关系。除采样误差外,样品缺乏代表性也可能是导致得出错误结果的因素。由采样带来的误差以及样品代表性的好坏不易判别,并且这都是在数据获取的早期阶段产生的,故采样所造成的损失远大于分析测定造成的损失。从这个角度来看,采样的重要性要高于实验室的分析精度。为了保证所获取数据具有真实性、准确性、代表性以及可比性,采样必须严格按照水样采集、运输、保存和送检的要求,选取合理的采样地点采集所需样品,采样过程中要防止人为污染,在测试之前严格按照规范运输和储存。

3.2.1　野外样品的采集与保存

根据研究区的水文地质情况,开展对榆树沟流域地区的河水、大气降水、地下水、积雪融水、冰川融水等各类水体样品的采集工作。

3.2.1.1 河水样品采集

径流样品采集于天山哈密榆树沟流域的榆树沟水文站。由于所研究的河流属季节性河流,所以采样时间分为三个阶段:①流域春洪期的4月下旬到5月上旬,根据每天河水流量的昼夜单峰波动周期的变化,在每个周期中流量低值时采1个、峰值时采1个、涨水的中间采1个、落水的中间采1个,每天采4个样品,共收集27个径流样品;②7~8月份为流域的夏洪期,根据每天河水流量的昼夜单峰波动周期的变化,在每个周期中流量低值时采1个、峰值时采1个、涨水的中间采1个、落水的中间采1个,每天采4个样品,共收集40个径流样品。

采样时,将事先清洗好的采样工具及采样瓶(聚氯乙烯塑料瓶)密封、带到采样地点。在取样和样品处理过程中,采样者应戴上聚乙烯手套和口罩,以最小程度地减少样品的污染。采集河水时,将样品瓶置于河水中央取样,尽量避免受岸边的水蒸发和污染的影响,因此需避免采集河边的滞水。采在河流干流水面以下数厘米,以确保河流水体充分混合,而且也能避免水体表面蒸发引起的同位素分馏的影响。每次取样前先用河水冲洗样品瓶3次,再将河水样品装在样品瓶中(满瓶),盖紧水样瓶内外盖。每次采集1瓶,并标明采样日期和采样地点,同时记录相关的气象水文资料。将采集到的所有样品以冷藏方式运回中国科学院寒区旱区环境与工程研究所冰冻圈国家重点实验室,并进行低温保存。

3.2.1.2 大气降水样品采集

每次在哈密榆树沟流域榆树沟水文站采集降水样品。每次降水过程样品的采集都是严格按照气象观测规范的要求进行的,而且在采集和保存降水时都应戴上一次性手套。每次降水开始时,立即打开两个事先置于约0.3 m高的支架上的采样盒盖子。降水结束后立即将收集到的降水保存到样品瓶中(一个采样盒中的降水用来清洗水样瓶,另一个采样盒中的降水装入水样瓶),并盖紧水样瓶内外盖以防止蒸发。如果是降雪,则应待其在室温下自然融化后,再进行同样的处理。在采集降水样品的同时,记录每次降水过程开始和结束的时间,并记录降水量和温度等气象资料。共采集33个样品,样品的运送与保存都与河水样品一致。

3.2.1.3 地下水样品采集

地下水样品的采集与河水样品同步,采集地点位于榆树沟水文站附近的泉水处,严格按照Merlivat所提出的采样顺序,共采集13个地下水样品。

3.2.1.4 积雪融水样品采集

积雪融水样品采集于某一段时间内积雪融化流出的水,即为不同雪层最终流出的混合水,其同位素值代表了此段时间内积雪融化出流水同位素特征。

积雪样品采集于流域中高山区,采集时间是流域的春洪期。积雪融水样品应包括阴、阳坡的样品,这是因为所受的太阳辐射不同,积雪融水同位素值存在较大差异。对于采样点的选择,应避开山脚和山顶,选在地势较平坦的区域采集样品。采样开始时,先用积雪融水润洗振荡采样瓶,然后盛满采样瓶,密封、贴标签,并记录所需的野外数据,将采样瓶冷藏并与河水一起运送保存。采集积雪融水样品时应尽量避开降水事件。共采集 6 个积雪融水样品。

3.2.1.5　冰川融水样品采集

冰川融水的采样点位于冰川末端和东西支交界处,采集时间是流域冰川消融末期。冰川融水的样品采集也尽量避开降水事件,共采集 2 个冰川融水样品。

3.3　样品的测定与分析

所有样品的水化学指标和 $\delta^{18}O$ 和 δD 的测定工作均在中国科学院寒区旱区环境与工程研究所冰冻圈国家重点实验室内进行。

3.3.1　水化学指标测定

为避免受到空气中 H^+ 和 CO_2 的影响,待样品在密封样品瓶内融化后立即进行测试。

(1) pH:使用 PHJS-4A(0.001)测试水样的 pH。

(2)电导率(EC)和 TDS:用 DDS-308A(0.001)电导率仪分析样品的电导率(EC)和 TDS。

(3)阴、阳离子的测试:Ca^{2+}、Mg^{2+}、Na^+、K^+ 等阳离子浓度使用 DX320 型离子色谱仪进行测试,Cl^-、NO_3^- 和 SO_4^{2-} 三种阴离子浓度使用 ICS 1500 型离子色谱仪分析,精度可以达到 ng/g 量级,测试数据与标准样的误差控制在 5% 以内。径流中 HCO_3^- 浓度通过阴阳电离平衡法得到,在弱酸环境下 CO_3^{2-} 基本不存在,量很低,且实验室检测发现有机酸含量非常低,其值可以忽略,因此断定主要是 HCO_3^- 平衡了过剩的阳离子。

3.3.2　稳定同位素 $\delta^{18}O$ 和 δD 测定

本研究中,样品的 $\delta^{18}O$ 和 δD 的测定使用液态氢氧同位素分析仪(LGR DLT-100 LWIA)。测试时为防止产生同位素分馏现象,在分析前一天从低温室内取出,在室温下融化。本书样品中 $\delta^{18}O$ 和 δD 测试平均精度分别为±0.2‰

和±0.5‰。测试结果以相对于维也纳标准平均大洋水（Vienna Standard Mean Ocean Water，V-SMOW）的千分差值表示：

$$\delta^{18}O = [(^{18}O/^{16}O)_{sample} - (^{18}O/^{16}O)_{SMOW}]/(^{18}O/^{16}O)_{SMOW} \times 10^3 ‰ \quad (3.1)$$

$$\delta D = [(D/H)_{sample} - (D/H)_{SMOW}]/(D/H)_{SMOW} \times 10^3 ‰ \quad (3.2)$$

3.4 其他相关资料的获取

本书中所涉及的水文气象资料，均由哈密水文水资源勘测局榆树沟水文站提供。

第4章 研究区各水体水化学特征及其环境意义

本书根据每年的 4 月下旬到 5 月上旬是榆树沟流域春洪期、7~8 月份为流域的夏洪期这一特点,对这两个时期的径流样品进行分析,同时在哈密榆树沟流域榆树沟水文站开展每次降水样品和同期地下水的采集,详细分析探讨该流域径流的水化学特征、日变化过程及其影响因素,有助于进一步理解流域地质、岩石、土壤特征和区域环境对水体的作用。

本章对上述所采集的榆树沟流域山区春洪期和夏洪期的河水、大气降水和地下水样品的水化学特征进行分析,并通过流域各时期水体的水化学特征的差异进行研究,以期对流域水循环研究提供有效的资料。

4.1 地表径流水化学特征及其控制因素

4.1.1 径流水化学特征

榆树沟流域春洪期和夏洪期河水样品的 pH 变化范围分别为 7.62~8.24、7.20~8.55,平均值分别为 8.04 和 7.66,均呈弱碱性,见表 4.1 和表 4.2。但夏洪期径流的 pH 低于春洪期,这可能是两个时期的径流补给来源不同造成的。根据流域水循环特征分析可知,春洪期河水的补给来源是地下水和季节性积雪融水,而夏洪期的河水主要由冰川融水、地下水和降水组成。根据各水体样品的 pH 检测结果可知,春洪期地下水 pH(8.11)高于夏洪期 pH(7.82),冰川融水的 pH(6.85)稍低于积雪融水的 pH(6.94),降水的 pH 为 6.91,这可能使得 pH 在夏洪期低于春洪期。另外,夏洪期猛烈的洪水冲刷,使河道与土壤和岩石发生相互作用而引起的 pH 的变化也是一个重要的原因。不过,造成这一现象的详细因素还需要在以后的工作中更加深入地分析。EC 分别介于 $84.5 \sim 168.4\ \mu s \cdot cm^{-1}$ 和 $74.8 \sim 140.2\ \mu s \cdot cm^{-1}$ 之间,逐日变化较大。

表 4.1 pH、EC、TDS 及无机离子日均值

时 间	pH	EC $\mu s \cdot cm^{-1}$	TDS $mg \cdot L^{-1}$	无机离子日均值/$(mg \cdot L^{-1})$							
				Ca^{2+}	Mg^{2+}	Na^+	K^+	SO_4^{2-}	NO_3^-	Cl^-	HCO_3^-
日周期 1	8.01	150.90	72.65	22.12	2.75	3.71	0.80	9.62	1.88	3.99	70.93
日周期 2	8.10	137.58	67.43	21.58	2.38	3.19	0.64	8.16	1.65	3.29	69.67
日周期 3	8.01	136.78	65.78	19.70	2.49	3.36	0.69	8.42	1.77	3.56	64.17
日周期 4	8.00	141.43	68.05	20.30	2.71	3.84	0.77	9.19	2.05	3.93	64.93
日周期 5	7.93	135.55	64.95	18.01	2.72	3.86	0.73	9.13	2.03	3.86	59.90
日周期 6	8.12	152.40	73.30	22.58	3.11	4.57	0.77	10.41	2.27	4.45	74.91
日周期 7	8.13	149.88	72.08	22.90	2.93	4.26	0.77	9.79	2.12	4.10	78.36

表 4.2 夏洪期河水 pH、EC、TDS 及无机离子日均值

时 间	pH	EC $\mu s \cdot cm^{-1}$	TDS $mg \cdot L^{-1}$	无机离子日均值/$(mg \cdot L^{-1})$							
				Ca^{2+}	Mg^{2+}	Na^+	K^+	SO_4^{2-}	NO_3^-	Cl^-	HCO_3^-
日周期 1	7.57	128.00	61.38	18.75	2.86	4.03	0.76	8.06	1.91	2.81	66.61
日周期 2	7.67	132.90	63.78	20.05	3.08	4.76	0.84	8.78	1.75	3.16	72.74
日周期 3	7.47	138.13	66.28	20.53	3.17	4.87	0.82	8.98	1.57	3.16	74.52
日周期 4	7.72	131.70	63.2	19.46	3.04	4.59	0.81	8.50	1.64	3.00	70.67
日周期 5	7.50	127.93	61.38	18.15	2.86	4.13	0.73	7.82	1.45	2.67	66.03
日周期 6	7.66	122.17	58.6	17.66	2.81	4.19	0.74	7.78	1.60	2.68	64.40
日周期 7	7.98	115.55	55.4	18.21	2.91	4.55	0.77	8.10	1.63	2.81	66.95
日周期 8	7.24	89.65	43	10.65	1.93	2.86	0.58	4.99	1.15	1.94	39.99
日周期 9	7.4	85.57	41.03	10.56	1.75	2.56	0.58	4.53	1.09	1.67	39.06
日周期 10	7.92	80.63	38.7	9.76	1.61	2.32	0.56	4.20	0.93	1.53	36.11
日周期 11	7.82	83.27	39.93	10.63	1.66	2.39	0.57	4.42	1.04	1.57	38.79
日周期 12	8.1	89.45	42.9	11.31	1.89	2.61	0.54	5.29	1.42	1.78	40.66

春洪期径流中阳离子平均质量浓度总和($TZ^+ = Ca^{2+} + Na^+ + Mg^{2+} + K^+$)为 28.22 $mg \cdot L^{-1}$,阴离子平均质量浓度总和($TZ^- = HCO_3^- + SO_4^{2-} + Cl^- + NO_3^-$)为 83.78 $mg \cdot L^{-1}$,TDS 含量为 68.84 $mg \cdot L^{-1}$;夏洪期径流中阳离子平

均质量浓度总和（TZ$^+$＝Ca^{2+}＋Na$^+$＋Mg^{2+}＋K$^+$）为 23.2 mg·L^{-1}，阴离子平均质量浓度总和（TZ$^-$＝HCO$_3^-$＋SO$_4^{2-}$＋Cl$^-$＋NO$_3^-$）为 69.74 mg·L^{-1}，TDS 含量为 51.4 mg·L^{-1}。两个时期的 TDS 含量均在 100 mg·L^{-1} 以下，说明流域春洪期和夏洪期河水的淡水矿化度较低（＜1 g·L^{-1}），属于弱矿化度水，是优良的饮用水源，且 TDS 含量在春洪期低于夏洪期。蔡云标对榆树沟站 10 年的河水资料进行分析，得出矿化度的年际变化在 141～209 mg/L 之间，属于较低矿化度，与本研究结果相符。由图 4.1 可以看出，受水量季节性变化影响，河水年内矿化度变化表现出明显的季节变化规律，春洪期矿化度较低，在夏洪期矿化度最低，而在径流量相对稳定期（9 月至次年 3 月）矿化度最高。这主要是由于受河流流速和比降的影响。夏季持续的高温使得高山区冰川强烈消融，加上大范围的暴雨强烈冲刷冰川表面，加速了冰川消融，从而形成了峰高量大、暴涨缓落的洪水，大量的土壤被冲刷进河流，土壤中的化学物质也就被带入到河水中，增加了河水中离子的含量，但是河水中离子被洪水稀释，使得河水中化学物质的浓度降低。

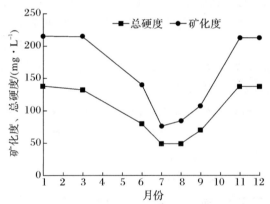

图 4.1　2010 年榆树沟水文站河水总硬度、矿化度年内变化曲线［数据引自蔡云标（2012）］

根据电离平衡原理计算得出，春洪期和夏洪期的 HCO$_3^-$ 平均当量浓度分别为 1.13 mg·L^{-1} 和 0.96 mg·L^{-1}，转换为质量浓度分别是 68.76 mg·L^{-1} 和 58.73 μg·L^{-1}。两个时期的阴、阳离子的优势离子相同，阳离子中 Ca^{2+} 质量浓度含量最高，平均值分别为 20.97 mg·L^{-1} 和 16.15 mg·L^{-1}，其次为 Mg^{2+} 和 Na$^+$，同属一个量级，K$^+$ 质量浓度最低。阴离子中 HCO$_3^-$ 浓度最高，远远超过其他离子，其次分别为是 SO$_4^{2-}$、Cl$^-$、NO$_3^-$。阴、阳离子质量浓度排序分别为 HCO$_3^-$＞SO$_4^{2-}$＞Cl$^-$＞NO$_3^-$，Ca^{2+}＞Na$^+$＞Mg^{2+}＞K$^+$；Ca^{2+} 质量浓度分别占阳离子总数的 74.31% 和 69.45%，HCO$_3^-$ 质量浓度分别占阴离子总数的

82.07％和84.18％。按照苏联学者舒卡列夫水化学类型划分方法,流域春洪期和夏洪期河水主要离子类型均为 HCO_3^-、Ca^{2+}。

4.1.2　径流水化学组成的时间变化过程

河流是一个开放体系,河水不断地与流域环境发生物质和能量交换,这个过程中往往进行着化学物质的溶解或沉淀等,鉴于此,可以根据一个断面的水化学特征来评估此断面以上流域环境的整体特征。为进一步探讨榆树沟流域春洪期和夏洪期河流的水化学的日变化特征,图4.2给出了榆树沟流域春洪期和夏洪期河流中主要可溶性离子浓度、pH以及TDS含量随时间变化的趋势。

从图4.2中可以看到,榆树沟流域春洪期径流的变化呈现出较明显的日变化特征,在日周期内,最小径流量出现在下午16:00—18:00,最大径流量出现在22:00—24:00。采样期间没有发生降水,径流量的变化主要受到中高山区季节性积雪消融的影响,而气温是影响积雪融化的主要因素。由于受到气温的影响,4月26日到4月30日日径流量较大,而5月1日至5月2日日径流量较小,离子日平均值的日间变化与日径流量的变化总体呈相反的关系。这是由于在春洪期,融雪型洪水越大,其流速就越快,且河流比降大,水岩作用时间短,岩石和土壤中的无机矿物成分尚未融入水中,使得径流中各离子含量较低。反之,径流中离子含量较高,见表4.1和表4.2。

如图4.2所示,榆树沟流域夏洪期径流量的变化表现出一定的日变化特征,但较春洪期的变化不显著,气温与径流量的变化也不完全呈正相关关系。各离子值的变化与径流量的变化基本呈相反的关系。这是由于强降水及冰川融水引起的洪水稀释了河水中的化学物质。但 K^+ 和 NO_3^- 的变化出现了稍不同的变化,这表明径流中二者有独特的来源,这还需进一步分析验证。

对离子浓度变化过程进行比较发现,在整个采样过程中河水中的主要离子中除 Ca^{2+} 和 HCO_3^- 外,其他离子之间的日内变化和日间变化都基本一致(见图4.2),这可能是其离子来源不同造成的。而 Ca^{2+} 和 HCO_3^- 的变化规律基本保持一致,说明 Ca^{2+} 和 HCO_3^- 的来源相同,还需要进一步分析。

河水径流的pH反映了水中 H^+ 的活度,可以作为河流水化学研究中的一个主要指标。从图4.2中可以看到,在春洪期和夏洪期,径流量最大时pH出现最小值,径流量最小时pH出现最大值,与离子浓度变化特征总体相反。这说明离子在溶入水中的同时水中 H^+ 增多,也就是说其他离子主要来自于偏酸性物质。

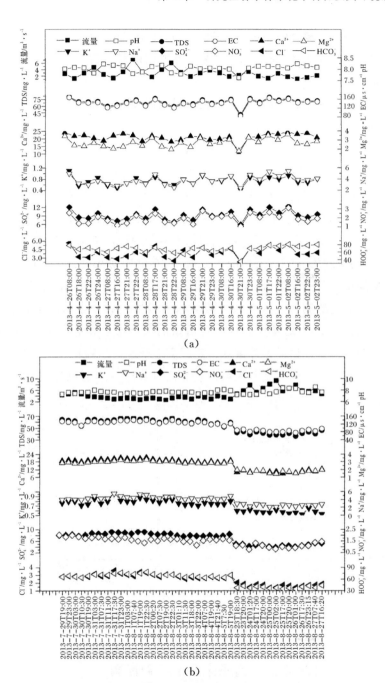

(a)

(b)

图 4.2　春洪期和夏洪期主要可溶性离子浓度、EC、pH、TDS 含量
以及即时径流量随时间变化的趋势

(a)春洪期;(b)夏洪期

径流中各主要离子浓度、电导率(EC)和 TDS 与即时径流量变化趋势没有表现出明显的相关关系(见图 4.2),说明春洪期即时径流量对径流的离子浓度没有多大影响。

前人研究也显示,大部分河流中径流量与径流中所含物质浓度成乘幂函数的关系为

$$C = aQ^b$$

式中:C 为河流物质质量浓度($mg \cdot L^{-1}$);Q 为径流量($m^3 \cdot s^{-1}$);a、b 为拟合参数。参数 b 反映河流物质质量浓度与径流量关系的变化,其变化范围介于 $-1 \sim 0$ 之间。$b=0$,表明河流物质质量浓度与径流量的变化无关;$b=-1$,指示河流物质质量浓度完全受径流量调节。通常,大多数河流的 b 值变化在 $-0.4 \sim 0$ 之间,全球平均值约为 -0.17。如图 4.3 所示,春洪期河水径流中 TDS 浓度和即时径流量的拟合参数 b 值为 $-0.030\,5$,非常接近于 0,表明其径流离子浓度基本不受即时径流量的调节。这反映了流域内岩石岩性和土壤对河流水化学的影响。夏洪期径流中 TDS 浓度和即时径流量的拟合参数 b 值为 $-0.495\,1$,小于 -0.4,表明其河流物质质量浓度在一定程度上受水量的稀释作用控制。这反映了该时期河流水化学除了受到流域内岩石岩性和土壤影响以外,还受到洪水量的调节作用。

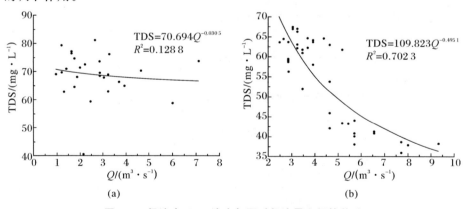

图 4.3　径流中 TDS 浓度与即时径流量之间的关系

(a)春洪期;(b)夏洪期

4.1.3　径流水体主要离子来源及控制因素

将本研究所述的榆树沟春洪期和夏洪期的水化学数据绘于 Gibbs 图中(见图 4.4),水化学离子 $C_{Na^+} : C_{(Na^+ + Ca^{2+})}$ 的比值小于 0.5,全部都集中在小于 0.2 的范

围内,离子化学组成位于岩石风化控制端元,表明在春洪期和夏洪期,榆树沟流域径流中离子组成主要受岩石风化作用的控制。

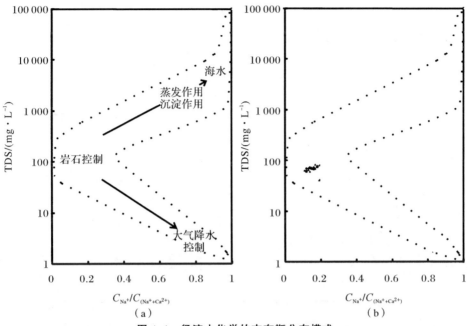

图4.4　径流水化学的吉布斯分布模式

为了进一步研究岩石风化作用对水体主要化学离子组成的影响,对径流中主要离子按质量浓度值作 Piper 三角图(见图4.5),确定是哪类岩石的风化作用决定水体化学离子组成。

图4.5所示为榆树沟流域河水中主要阴、阳离子组成。春洪期和夏洪期,阳离子三角图中各组分点分布在右下角,说明 Ca^{2+} 和 $Na^+ + K^+$ 是阳离子中的主要组成部分,且主要靠近 Ca^{2+} 端元,表明 Ca^{2+} 在阳离子组成中占绝对优势,榆树沟流域主要受碳酸盐岩风化的影响;阴离子三角图显示元素组分点靠近 HCO_3^- 端元,这也说明榆树沟水体化学成分主要受碳酸盐岩风化的控制,而且所有水样组分点紧贴($SO_4^{2-}+Cl^-$)轴的低值端分布,说明径流样品中 NO_3^- 的含量很少。尤其在夏洪期,阴离子三角图中所有样品的组分点紧贴 HCO_3^- 轴分布,表明该时期径流中 Cl^- 含量微乎其微。榆树沟流域地质构造主要包括华力西期花岗岩、石灰岩;土壤由高山、亚高山草甸土、山地栗钙土和石灰岩风化土组成,其内的碳酸盐类钙受融水侵蚀易分解溶入水中,这进一步说明了榆树沟流域水体组成主要受碳酸盐岩石风化的影响。

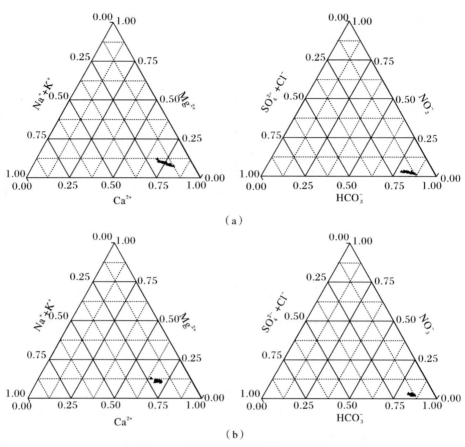

图 4.5 径流中主要的阴阳离子组成

(a)春洪期；(b)夏洪期

各离子间的相关系数可在一定程度上解释离子的来源。春洪期，HCO_3^- 和 Ca^{2+} 的相关系数最大(见表 4.3)，表明二者具有相同的来源，即由含钙的碳酸盐岩风化释放出来。其他的离子之间的相关性都很好，说明这些离子来源具有一定的一致性。夏洪期，各离子间的相关系数都很高(见表 4.4)，说明这些离子具有相同的物质来源。榆树沟水中 Na^+ 含量相对较低，说明硅酸盐岩风化对河水中阳离子的贡献率很低，表明榆树沟水体中离子的主要来源不是硅酸盐岩的风化。K^+ 和 Na^+ 一般源自钠长石、钾长石和云母等的风化，天然水体中的 K^+ 浓度往往低于 Na^+。榆树沟水体中，Na^+ 的浓度高于 K^+ 的浓度，二者间的相关系数为 0.87 和 0.94，说明二者的来源具有一致性，而 Na^+ 的浓度更高则可能与榆树沟流域花岗岩更偏重钠长石有关。流域岩性为华力西期花岗岩、石灰岩，因此，Mg^{2+} 含量相对较低。由于该流域处于高寒地带，极少受农业和工业污染干扰,所以水体阴离子中 SO_4^{2-} 和 NO_3^- 含量都较低,且二者具有很高相关性,说明二者的共源性,而 SO_4^{2-} 的含量高于 NO_3^-,这极有可能是受大气沉降的影响。Cl^- 一般来源于 NaCl 和 $MgCl_2$ 等岩盐的溶解,其在榆树沟水体中 Cl^- 含量较低,且与 Na^+、Mg^{2+}、K^+ 具有显著的相关性,说明 Cl^- 主要来自于 NaCl 和 $MgCl_2$ 等岩盐的风化。

表 4.3　春洪期径流中各离子之间的相关系数

	Cl^-	NO_3^-	SO_4^{2-}	Na^+	K^+	Mg^{2+}	Ca^{2+}	HCO_3^-
Cl^-	1							
NO_3^-	0.92	1						
SO_4^{2-}	0.98	0.95	1					
Na^+	0.97	0.92	0.98	1				
K^+	0.93	0.88	0.92	0.87	1			
Mg^{2+}	0.98	0.95	0.99	0.99	0.90	1		
Ca^{2+}	0.54	0.42	0.57	0.56	0.53	0.56	1	
HCO_3^-	0.55	0.45	0.59	0.61	0.55	0.60	0.95	1

表 4.4　夏洪期径流中各离子之间的相关系数

	Cl^-	NO_3^-	SO_4^{2-}	Na^+	K^+	Mg^{2+}	Ca^{2+}	HCO_3^-
Cl^-	1							
NO_3^-	0.82	1						
SO_4^{2-}	0.98	0.84	1					
Na^+	0.99	0.76	0.97	1				
K^+	0.95	0.74	0.93	0.94	1			
Mg^{2+}	0.98	0.83	0.99	0.97	0.91	1		
Ca^{2+}	0.97	0.83	0.99	0.96	0.92	0.98	1	
HCO_3^-	0.98	0.82	0.99	0.97	0.93	0.99	0.99	1

　　离子含量比值法可以反映流域所发生的具体风化演变过程和流域山区实际的水文地质情况。分析离子之间的相互关系,可以帮助我们了解可溶性离子起源与水文地球化学的演化过程等相关问题。因此,可以运用该方法进一步研究

榆树沟流域的水化学演变过程对河水离子组成的影响。全球河流溶解物来自各类岩石风化溶解,其中,蒸发岩的贡献率为 17.2%,硅酸盐岩溶解物占 11.6%,碳酸盐岩的贡献最大,约为 50%。已有研究表明,Na^+ 和 K^+ 主要来自硅酸盐岩或蒸发岩风化,Ca^{2+} 和 Mg^{2+} 可能来自碳酸盐岩、蒸发岩或硅酸盐岩的溶解,Cl^- 和 SO_4^{2-} 主要来自蒸发岩,HCO_3^- 主要来自于碳酸盐岩的风化。

径流中主要离子的当量浓度比值如图 4.6 所示。

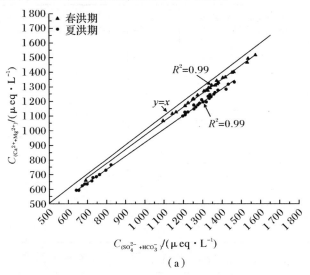

(a)

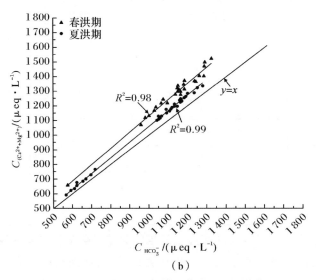

(b)

图 4.6 径流中主要离子的当量浓度比值

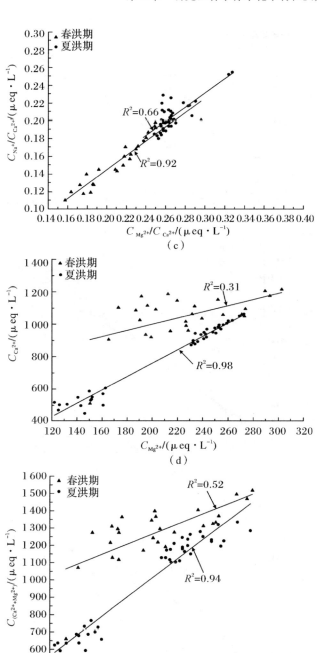

续图 4.6 径流中主要离子的当量浓度比值

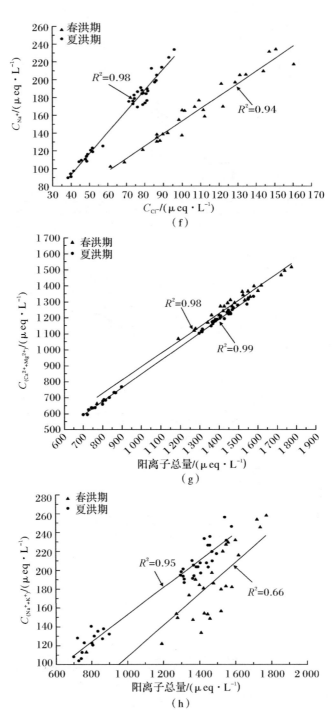

续图 4.6　径流中主要离子的当量浓度比值

　　榆树沟径流水体中 Na^+ 的含量比 Cl^- 高,春洪期和夏洪期 $C_{Na^+}:C_{Cl^-}$ 摩尔浓度比变化范围分别为 $1.35\sim1.56$ 和 $2.17\sim2.54$,两者的比值都大于 1($1<Y/X<2,Y/X>2$),表明该流域径流水化学组分受到强烈的水岩相互作用的影响,而且 Na^+ 和 Cl^- 浓度表现出显著的相关关系($R^2=0.94,0.98$)(见图 4.7),这可能是河水补给来源和强烈的蒸发作用导致的。与此同时,河水中 $C_{Na^+}:C_{Cl^-}$ 呈现出不成比例的增加,说明矿物溶解包括 NaCl 和钠长石等含钠矿物的溶解。

　　图 4.6 中(a)表示 $C_{(Ca^{2+}+Mg^{2+})}$ 与 $C_{(HCO_3^-+SO_4^{2-})}$ 的关系,从图中可以看出所有的点均分布于 $y=x$ 的下方,所有样品的变化的比值大于 0.9,小于 1,即 $C_{(Ca^{2+}+Mg^{2+})}:C_{(HCO_3^-+SO_4^{2-})}\approx1$,表明流域碳酸盐岩的风化的同时有 H_2SO_4 的参与,碳酸盐矿物的溶解和硫酸盐矿物的溶解是该流域河水水化学形成的主要作用;但由表 4.7 可知,河水中的 Na^+、K^+ 含量很低,说明该流域河水化学组成受硅酸盐岩风化的影响很小。H_2CO_3 风化碳酸盐岩,$C_{(Ca^{2+}+Mg^{2+})}:C_{(HCO_3^-)}$ 的当量比值为 1;H_2SO_4 风化碳酸盐岩 $C_{SO_4^{2-}}:C_{HCO_3^-}$ 的当量比值为 1,$C_{(Ca^{2+}+Mg^{2+})}:C_{(HCO_3^-)}$ 的当量比值为 2。由图 4.6(b)可知,春洪期和夏洪期 $C_{(Ca^{2+}+Mg^{2+})}:C_{(HCO_3^-)}$ 的当量比值分别为 $1.09\sim1.16$ 和 $1.04\sim1.10$,几乎所有的比值 x 都为 $1<x<2$,且均值分别为 1.13 和 1.06(见表 4.7),这表明仅凭 HCO_3^- 并不足以平衡 Ca^{2+} 和 Mg^{2+},需要 SO_4^{2-} 等加以平衡。这也说明该流域河水的化学风化作用主要是 H_2CO_3 风化碳酸盐岩,同时还伴有少量的 H_2SO_4 风化碳酸盐岩。

　　另外,从 $C_{(Ca^{2+}+Mg^{2+})}$ 与阳离子总量关系[见图 4.6(g)]可以看出,春洪期 $C_{(Ca^{2+}+Mg^{2+})}$ 与阳离子总量的比值接近,夏洪期该值明显小于 1,说明二者碱性离子在整个离子中所占比例有增大的趋势。$C_{(Na^++K^+)}$ 与阳离子的比值远小于 1[见图 4.6(h)],$C_{(Na^++K^+)}/TZ^+$ 当量浓度比为 0.13 和 0.15,$C_{(Ca^{2+}+Mg^{2+})}$ 与阳离子的当量浓度比值的平均值(0.87 和 0.85)较高,进一步表明研究区春洪期和夏洪期阳离子的主要来源是碳酸盐的风化溶解作用。

　　图 4.6(c)为流域径流中 $C_{Mg^{2+}}:C_{Ca^{2+}}$、$C_{Na^+}:C_{Ca^{2+}}$ 的比值散点。从图中可以看出,榆树沟流域春洪期和夏洪期河水的 $C_{Mg^{2+}}:C_{Ca^{2+}}$、$C_{Na^+}:C_{Ca^{2+}}$ 的比值均小于 1,春洪期二者的变化范围分别是 $0.16\sim0.30$ 和 $0.11\sim0.20$,夏洪期二者的变化范围分别是 $0.25\sim0.33$ 和 $0.18\sim0.25$,说明该流域的岩石风化主要以方解石矿物的溶解作用为主。这与前文中水化学类型的分析结果相一致,即径流的 $Ca^{2+}-HCO_3^-$ 水化学类型与当地的岩性有关。

表 4.5   径流中主要离子的平均浓度比值

离子比值	春洪期	夏洪期
$C_{Ca^{2+}}/C_{Mg^{2+}}$	4.72	3.78
$C_{(Ca^{2+}+Mg^{2+})}/C_{HCO_3^-}$	1.13	1.06
$C_{(Ca^{2+}+Mg^{2+})}/C_{(Na^++K^+)}$	7.10	5.61
$C_{(Ca^{2+}+Mg^{2+})}/C_{(HCO_3^-+SO_4^{2-})}$	0.97	0.92

4.1.4   大气降水的影响

大气降水是地表径流的补给来源之一。就榆树沟流域夏洪期而言,河流受到大气降水、冰川融水及其地下水的共同补给。虽然采样期间,榆树沟流域的大气降水约占全年降水量的 80%,但是降水量很小,仅为 96.4 mm,对河水的贡献率很低,且由 Gibbs 图(见图 4.4)中水样点的分布可知,本流域的大气降水对河流的化学组分影响很小,基本可以忽略。

4.2   地下水水化学特征及其控制因素

地下水的水化学特征可以指示地下水在流动过程中与周围岩石的相互作用情况,且能够为地下水的演化过程提供依据。为进一步探讨地下水成分特点、水化学类型以及河水补给来源情况,我们在榆树沟流域开展了浅层地下水的采集工作,并对其进行水化学特征分析。

4.2.1   地下水水化学特征及其指示意义

榆树沟流域春洪期和夏洪期地下水的 pH、盐度、TDS 和电导率均大于同时期的相应地表径流值见表 4.6 和表 4.7。这是由于地下水在流动过程中发生了更强烈的水岩作用。春洪期地下水的 pH 的变化范围较小,介于 8.03~8.18 之间,平均值为 8.10;夏洪期地下水的 pH 的变化范围略大(7.43~8.06),平均值为 7.82,均为中性略偏碱性。纯水的 EC 为零,即不导电,地下水中因含有可溶性离子而有导电能力,可溶性离子含量的多少决定其导电能力大小。地下水的 EC 和 TDS 之间存在着高度的正相关关系,表明地下水 EC 的大小与 TDS 的高低之间存在密切的关系。春洪期和夏洪期 EC 分别介于 178.3~259 $\mu s \cdot cm^{-1}$ 和 187.7~237 $\mu s \cdot cm^{-1}$ 之间,春洪期的逐日变化较夏洪期大。春洪期 TDS 值也大于夏洪期。通过阴、阳离子电离平衡法计算 HCO_3^- 的质量浓度,得出两个时期的平均质量浓度分别是 110.04 mg・L^{-1}和 126.06 mg・L^{-1}。阳离子质量浓度序列为 Ca^{2+} > Na^+ > Mg^{2+} > K^+；阳离子中 Ca^{2+} 质量浓度含量最高，平均分别为 33.34 mg・L^{-1}和 31.98 mg・L^{-1}，其分别占阳离子总数的 73.6% 和 67.07%；其次为 Na^+ 和 Mg^{2+}，同属一个量级。K^+ 质量浓度最低，春洪期平均值分别为 7.22 mg・L^{-1}、4.13 mg・L^{-1}和 0.61 mg・L^{-1}，夏洪期平均值分别为 10.27 mg・L^{-1}、4.53 mg・L^{-1}和 0.86 mg・L^{-1}。阴离子质量浓度序列为 HCO_3^- > SO_4^{2-} > Cl^- > NO_3^-；其中 HCO_3^- 浓度最高，远远超过其他离子，分别占其阴离子总数的 80.55% 和 88.12%；其次分别为 SO_4^{2-}、Cl^-、NO_3^-，春洪期平均值分别为 17.13 mg・L^{-1}、6.96 mg・L^{-1}和 2.48 mg・L^{-1}，夏洪期平均值分别为 12.89 mg・L^{-1}、3.63 mg・L^{-1}和 0.48 mg・L^{-1}。依据苏联学者舒卡列夫水化学类型划分方法可知，榆树沟流域地下水的主要离子类型为 HCO_3^- – Ca^{2+} 型。

春洪期和夏洪期地下水中阳离子平均浓度总和（TZ^+ = Ca^{2+} + Na^+ + Mg^{2+} + K^+）分别为 45.3 mg・L^{-1}和 47.64 mg・L^{-1}，阴离子平均浓度总（TZ^- = HCO_3^- + SO_4^{2-} + Cl^- + NO_3^-）分别为 136.61 mg・L^{-1}和 143.05 mg・L^{-1}，TDS 含量分别为 104.33 mg・L^{-1}和 99 mg・L^{-1}，在 500 mg・L^{-1}以下，说明该流域地下水的淡水矿化度较低（< 1 g・L^{-1}），属于弱矿化度水，按地下水质量标准分类，归为 I 类水，是优良的饮用水源。地下水中溶质组分的演化与地下水流路径、水－岩相互作用都有着密切的关系，由于后两者均与地下水滞留时间有很大关系，所以地下水的低矿化度特征被认为是地下水仅参与地下浅部循环、滞留时间较短的有力证据。水样中 NO_3^- 的浓度最高的也仅为 4.38 mg・L^{-1}和 0.77 mg・L^{-1}，最低值为 1 mg・L^{-1}和 0.2 mg・L^{-1}，表明地下水补给区的水质受到农业生产等人类活动的影响很小，该流域地下水的水化学特征基本反映了该区的水文地质条件。这也与采样点的位置位于山区有很大关系。

表 4.6　春洪期地下水 pH、EC、TDS 及无机离子日均值

时 间 （年-月-日）	pH	EC $\mu s \cdot cm^{-1}$	TDS mg・L^{-1}	无机离子日均值/(mg・L^{-1})							
				Ca^{2+}	Mg^{2+}	Na^+	K^+	SO_4^{2-}	NO_3^-	Cl^-	HCO_3^-
2013 – 4 – 26	8.03	259	124.7	36.26	5.44	9.36	0.83	22.57	4.38	9.98	114.22
2013 – 4 – 27	8.12	258	124.5	38.34	5.36	9.58	0.79	22.17	4.35	9.59	121.90
2013 – 4 – 28	8.11	208	100	32.68	4.06	6.95	0.54	17.04	2.66	6.65	127.70
2013 – 4 – 29	8.12	189.2	91	31.38	3.19	5.31	0.51	12.90	1.50	4.96	100.42

续 表

时 间 (年-月-日)	pH	EC μs·cm⁻¹	TDS mg·L⁻¹	无机离子日均值/(mg·L⁻¹)							
				Ca²⁺	Mg²⁺	Na⁺	K⁺	SO₄²⁻	NO₃⁻	Cl⁻	HCO₃⁻
2013-4-30	8.18	178.3	85.8	28.53	3.51	5.54	0.47	13.86	1.00	5.27	92.63
2013-5-1	8.03	236	113	36.29	4.26	7.98	0.61	18.27	2.02	7.27	116.81
2013-5-2	8.16	189.9	91.3	29.92	3.12	5.8	0.51	13.11	1.42	5.02	96.61

表 4.7 夏洪期地下水 pH、EC、TDS 及无机离子日均值

时 间 (年-月-日)	pH	EC μs·cm⁻¹	TDS mg·L⁻¹	无机离子日均值/(mg·L⁻¹)							
				Ca²⁺	Mg²⁺	Na⁺	K⁺	SO₄²⁻	NO₃⁻	Cl⁻	HCO₃⁻
2013-8-1	8.06	197	94.9	34.49	4.65	11.12	0.84	14.26	0.58	3.94	134.22
2013-8-3	7.82	203	97.4	33.91	4.59	10.91	0.87	13.26	0.77	3.81	132.87
2013-8-5 (A)	7.99	187.7	90.1	32.86	4.42	10.3	0.9	12.67	0.5	3.83	128.2
2013-8-5 (B)	7.93	195	93.6	31.83	4.31	9.87	0.84	12.52	0.43	3.64	123.88
2013-8-24	7.43	237	114	31.2	4.68	9.92	0.88	12.53	0.37	3.35	124.58
2013-8-27	7.69	217	104	27.57	4.52	9.52	0.85	12.11	0.2	3.18	112.59

4.2.2 影响离子组成的来源分析及其演化规律

目前,关于影响地下水的水文地球化学特征因素的研究手段已有很多,其中最行之有效的、应用最广泛的是水中各离子含量比值法。

三角图示法可以较直观地解释离子交换等地下水演化现象。运用三角图示法对春洪期和夏洪期地下水样品进行解析(见图 4.7),结果显示阳离子分布在左下角 Ca^{2+} 的高值端(分别为 75% 和 67% 左右),表明 Ca^{2+} 在阳离子组成中占绝对优势;阴离子三角图显示地下水水样组成元素位于 HCO_3^- 轴的高端值(均大于 80%),而且位于(NO_3^-)的低端值分布,说明地下水中 NO_3^- 的的含量微乎其微。同时期地下水中的主要离子含量明显高于河水中的主要离子含量,但是二者的主要离子类型相似,这表明在春洪期和夏洪期河水和地下水之间都存在快速的转换和频繁的交互作用,即地下水常以泉水的形式补给地表水,同时地下水也受到了河水径流的快速补给。地下水与岩石发生水岩作用时,矿物溶解过程中需要有大量的 CO_2、H^+ 持续补给,因此该过程主要发生在开放的含水层系统。一般而言,地下水中的离子,如 Ca^{2+}、Mg^{2+}、Na^+、K^+、HCO_3^- 等均来自于

矿物溶解。位于河流补给区的潜水含水层,河水和地下水的水力联系紧密,河水中的大量 CO_2、HCO_3^- 持续补给地下水,对矿物的溶解起到了协调促进的作用。

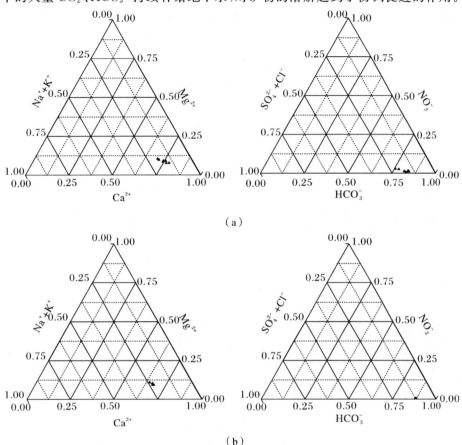

（a）

（b）

图 4.7　地下水中主要的阴阳离子组成

（a）春洪期；（b）夏洪期

通过地下水中各离子间的相关性分析,根据水化学参数的相似和相异性,可以揭示其离子来源的一致性和差异性。见表 4.8,春洪期地下水中 Cl^-、SO_4^{2-}、NO_3^-、Ca^{2+}、Mg^{2+} 和 Na^+ 与对应的 TDS 的相关性非常高（>0.90）,表明该时期地下水的矿化度主要受这 6 种离子的控制。pH 与各离子和 TDS 均呈现出负相关,说明离子在溶入水中的同时水中 H^+ 增多,这可能是由于其他离子来源于偏酸性物质。各离子间都有很好相关性,表明其来源具有一致性。夏洪期,pH 与 Mg^{2+}、K^+ 和 TDS 均呈现出负相关（见表 4.9）,且 Mg^{2+}、K^+ 与其他离子的相关性都较差,而其他离子的相关性都较好,说明 Mg^{2+}、K^+ 有其独特的来源,并且镁盐和钾盐的溶解浓度对该时期地下水 pH 有一定的影响。榆树沟水中 Na^+

含量相对较低,说明硅酸盐岩风化对河水中阳离子的贡献率很低,表明榆树沟水体中离子的主要来源不是硅酸盐岩的风化。流域岩为华力西期花岗岩、石灰岩,因此,Mg^{2+}含量相对较低。由于该流域处于高寒地带,受农业和工业污染的干扰极少,因此,水体阴离子中SO_4^{2-}和NO_3^-含量都较低,且二者的相关性很高,说明二者具有共源性,而SO_4^{2-}的含量比NO_3^-高,可能是由于大气沉降。春洪期Cl^-与Na^+、Mg^{2+}、K^+具有显著的相关性,说明Cl^-主要来自于NaCl和$MgCl_2$等岩盐的风化;而夏洪期Cl^-与Na^+、K^+的相关性很高(见表4.9),与Mg^{2+}的相关性很差,这可能是由于受到大气降水的影响。

表 4.8　春洪期地下水中各离子之间的相关系数

	pH	EC	TDS	Cl^-	NO_3^-	SO_4^{2-}	HCO_3^-	Na^+	K^+	Mg^{2+}	Ca^{2+}
pH	1										
EC	−0.74	1									
TDS	−0.74	0.99	1								
Cl^-	−0.64	0.97	0.97	1							
NO_3^-	−0.54	0.92	0.92	0.96	1						
SO_4^{2-}	−0.66	0.97	0.97	0.99	0.95	1					
HCO_3^-	−0.58	0.71	0.70	0.67	0.70	0.72	1				
Na^+	−0.66	0.99	0.99	0.98	0.93	0.99	0.72	1			
K^+	−0.63	0.96	0.96	0.98	0.96	0.95	0.56	0.95	1		
Mg^{2+}	−0.74	0.95	0.96	0.99	0.95	0.99	0.68	0.98	0.96	1	
Ca^{2+}	−0.61	0.97	0.96	0.90	0.85	0.91	0.77	0.94	0.88	0.88	1

表 4.9　夏洪期地下水中各离子之间的相关系数

	pH	EC	TDS	Cl^-	NO_3^-	SO_4^{2-}	HCO_3^-	Na^+	K^+	Mg^{2+}	Ca^{2+}
pH	1										
EC	−0.96	1									
TDS	−0.95	0.99	1								
Cl^-	0.80	−0.77	−0.76	1							
NO_3^-	0.45	−0.46	−0.46	0.84	1						
SO_4^{2-}	0.56	−0.37	−0.35	0.78	0.70	1					

续 表

	pH	EC	TDS	Cl$^-$	NO$_3^-$	SO$_4^{2-}$	HCO$_3^-$	Na$^+$	K$^+$	Mg^{2+}	Ca^{2+}
HCO$_3^-$	0.49	−0.43	−0.42	0.91	0.91	0.84	1				
Na$^+$	0.55	−0.44	−0.42	0.87	0.89	0.94	0.93	1			
K$^+$	−0.24	0.07	0.06	0.07	0.15	−0.26	0.15	−0.01	1		
Mg^{2+}	−0.43	0.60	0.61	−0.06	0.18	0.45	0.28	0.40	0.08	1	
Ca^{2+}	0.56	−0.52	−0.50	0.94	0.90	0.81	0.99	0.90	0.12	0.16	1

榆树沟流域广泛分布有石灰岩和花岗岩等,根据流域的地质条件,具体的化学风化侵蚀方程如下。

(1)碳酸盐岩风化($0 \leqslant x \leqslant 1$)。

$$Ca_x Mg_{1-x} CO_3 + H_2 CO_3 \rightarrow x Ca^{2+} + (1-x) Mg^{2+} + 2HCO_3^- \tag{4.1}$$

$$2Ca_x Mg_{1-x} CO_3 + H_2 SO_4 \rightarrow 2x Ca^{2+} + 2(1-x) Mg^{2+} +$$
$$2HCO_3^- + SO_4^{\ 2-} \tag{4.2}$$

(2)硅酸盐岩风化($0 \leqslant x \leqslant 1$)。

$$Ca_x Mg_{1-x} Al_2 Si_2 O_8 + 2H_2 CO_3 + 2H_2 O \rightarrow x Ca^{2+} + (1-x) Mg^{2+} +$$
$$2HCO_3^- + 2SiO_2 + 2Al(OH)_3 \tag{4.3}$$

$$Na_x K_{1-x} AlSi_3 O_8 + H_2 CO_3 + H_2 O \rightarrow x Na^{2+} + (1-x) K^+ +$$
$$HCO_3^- + 3SiO_2 + Al(OH)_3 \tag{4.4}$$

$$Ca_x Mg_{1-x} Al_2 Si_2 O_8 + H_2 SO_4 \rightarrow x Ca^{2+} + (1-x) Mg^{2+} +$$
$$SO_4^{2-} + 2SiO_2 + 2AlOOH \tag{4.5}$$

$$2Na_x K_{1-x} AlSi_3 O_8 + H_2 SO_4 \rightarrow 2x Na^+ + 2(1-x) K^+ +$$
$$SO_4^{2-} + 6SiO_2 + 2AlOOH \tag{4.6}$$

$C_{Na^+} : C_{Cl^-}$ 可以用来指示地下水中 Na$^+$ 的富集程度。通常情况下,$C_{Na^+} : C_{Cl^-}$ 比例系数是恒定的,标准海水的 $C_{Na^+} : C_{Cl^-}$ 比例系数的平均值为 0.85。盆地地下水 $C_{Na^+} : C_{Cl^-}$ 比例系数大于或小于 0.85,是在随后的演化过程中向不同的方向演化而成的。如果海相沉积水受到大气降水的入渗溶滤影响,则 $C_{Na^+} : C_{Cl^-}$ 比例系数应趋向于大于 0.8。从图 4.8(a)可以看出,榆树沟流域春洪期和夏洪期地下水中 Na$^+$ 的含量比 Cl$^-$ 多,$C_{Na^+} : C_{Cl^-}$ 比的平均值分别为 1.62 和 4.38,两者的比值均大于 1($Y/X > 1$),表明该流域春洪期和夏洪期地下水都发生了强烈的水岩相互作用。而且地下水中 Na$^+$ 和 Cl$^-$ 浓度表现出显著的相关关系($R^2 = 0.97, 0.75$),这可能是地下水补给来源单一和强烈的蒸发作用导致的。同时地下水中 $C_{Na^+} : C_{Cl^-}$ 不成比例增大,这表明不只有 NaCl 溶解,少量的硅酸盐岩的风化以及钠长石和 MgCl$_2$ 等矿化物的溶解也影响了地下水中的 $C_{Na^+} :$

C_{Cl^-} 平衡关系。

一般来说,地下水中 Na^+ 来源于斜长石等含钠矿物或硅酸盐岩的风化溶解,Cl^- 主要来源于可溶性岩盐颗粒等的溶解,C_{Cl^-} 与 $C_{(Na^++Cl^-)}$ 的比值为1。春洪期 Na^+ 和 K^+ 相关性较高,且 Na^+ 和 K^+ 浓度比随着总离子浓度的升高呈增大趋势,这表明水中离子浓度低时,两种离子(特别是 K^+),可能起源于硅酸盐矿物的溶解。榆树沟流域春洪期和夏洪期地下水中(Na^++K^+)浓度较 Cl^- 浓度高,两者的摩尔浓度比 $C_{(Na^++K^+)}$: C_{Cl^-} 均大于 1[见图 4.8(b)]。干旱区很少发生降水,大气降水对岩盐类 NaCl 矿物离子的影响较小,比值大于1表明该流域山区地下水在通过含水层补给河流的过程中发生了多次水岩溶滤作用,并且河水中含有的 HCO_3^- 和 CO_2 为促进钠钾盐的分解提供了良好的物质基础,使得地下水的 Na^++K^+ 浓度偏高。此外,地下水的一个重要指标就是 K^+/Na^+ 的比值较低,平均值为 0.19,这也说明该流域钠长石对离子的贡献大于钾长石。

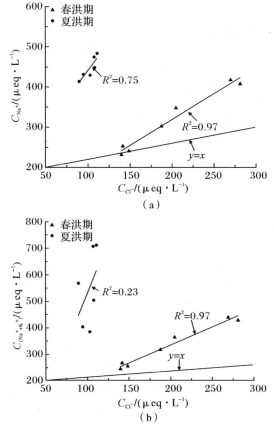

(a)

(b)

图 4.8　春洪期和夏洪期地下水中 C_{Na^+} : C_{Cl^-} 、$C_{(Na^++K^+)}$: C_{Cl^-} 的对比关系

HCO_3^- 能够反映 $CaCO_3$ 和 $MgCa(CO_3)_2$ 的溶解程度［见式（4.1）］。Na^+ 的含量受岩盐溶解控制，Ca^{2+}、Mg^{2+} 来源于 $CaCO_3$、$MgCa(CO_3)_2$ 及 $CaSO_4 \cdot 2H_2O$，这一过程可用 $C_{(Ca^{2+}+Mg^{2+})} - C_{(HCO_3^-+SO_4^{2-})}$ 与 $C_{(Na^++K^+-Cl^-)}$ 的比值表示。如果发生了显著的离子交换，两参数应为线性相关关系。如图4.9所示，在春洪期，两者的相关关系不显著，$R^2=0.22$，表明榆树沟流域春洪期地下水的阳离子交换不显著；而在夏洪期，两者的相关关系非常显著，$R^2=0.99$，表明榆树沟流域夏洪期地下水的阳离子交换频繁。

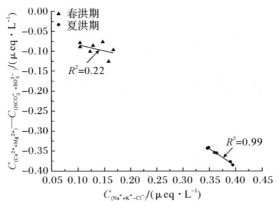

图 4.9　春洪期和夏洪期地下水中 $C_{(Ca^{2+}+Mg^{2+})} - C_{(HCO_3^-+SO_4^{2-})}$
与 $C_{(Na^++K^+-Cl^-)}$ 的对比关系

由 $C_{(Ca^{2+}+Mg^{2+})}$ 与 $C_{(HCO_3^-+SO_4^{2-})}$ 的关系［见图 4.10（a）］，可以看出所有的 $C_{(Ca^{2+}+Mg^{2+})}$ 值均分布于 $y=x$ 的下方，且 $C_{(Ca^{2+}+Mg^{2+})}:C_{(HCO_3^-+SO_4^{2-})}$ 的值为 1 左右，表明流域碳酸盐岩的风化过程有 H_2SO_4 的参与，碳酸盐矿物的溶解和硫酸盐矿物的溶解是该流域地下水水化学形成的主要作用；夏洪期样品的比值为 0.84，说明 Ca^{2+} 和 Mg^{2+} 并不足以平衡 HCO_3^- 和 SO_4^{2-}，还需要少量的 Na^+、K^+ 等来维持平衡［见式（4.4）和式（4.6）］，但由表 4.11 可知，地下水中含有较少的 Na^+、K^+，显示了该流域地下水化学组成还受少量的硅酸盐岩风化的影响。H_2CO_3 风化碳酸盐岩，$C_{(Ca^{2+}+Mg^{2+})}:C_{(HCO_3^-)}$ 的当量比值为 1［见式（4.1）］；H_2SO_4 风化碳酸盐岩 $C_{(HCO_3^-)}:C_{(SO_4^0)}$ 的当量比值为 2，$C_{(Ca^{2+}+Mg^{2+})}:C_{(HCO_3^-)}$ 的当量比值为 2［见式（4.2）］。由图 4.10（b）可知，春洪期地下水的 $C_{(Ca^{2+}+Mg^{2+})}:C_{(HCO_3^-)}$ 的当量比值为 1.12，稍大于 1，仅凭 HCO_3^- 并不足以平衡 Ca^{2+}、Mg^{2+}，需要 SO_4^{2-} 等加以平衡。说明该流域春洪期地下水的化学风化作用主要是 H_2CO_3 风化碳酸盐岩，伴有少量的 H_2SO_4 风化碳酸盐岩。夏洪期地下水的

$C_{(Ca^{2+}+Mg^{2+})}:C_{(HCO_3^-)}$的当量比值为 0.96,稍小于 1,表明该时期流域主要以碳酸盐风化为主,并伴有极少量的硅酸盐岩溶解[见式(4.3)和式(4.4)]。

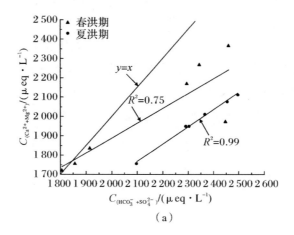

（a）

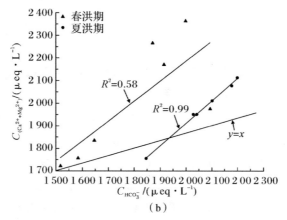

（b）

图 4.10　春洪期和夏洪期地下水中 $C_{(Ca^{2+}+Mg^{2+})}:C_{(HCO_3^-+SO_4^{2-})}$ 和
$C_{(Ca^{2+}+Mg^{2+})}:C_{(HCO_3^-)}$ 的对比关系

另外,$C_{(Ca^{2+}+Mg^{2+})}$、$C_{(Na^++K^+)}$ 与阳离子总量关系图(见图 4.11)显示,春洪期和夏洪期地下水的 (Na^++K^+) 与阳离子总量的比值较低,平均值分别为 0.14和 0.19,而 $(Ca^{2+}+Mg^{2+})$ 与阳离子的当量浓度比的平均值很高,分别为 0.86和 0.81,这反映了研究区地下水中阳离子的主要来源是碳酸盐的风化作用,受硅酸盐岩的分化作用影响很小。

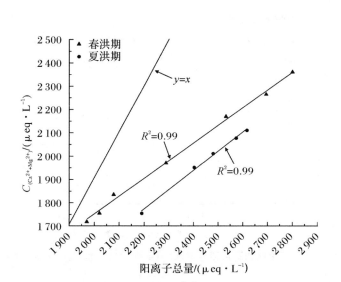

（a）

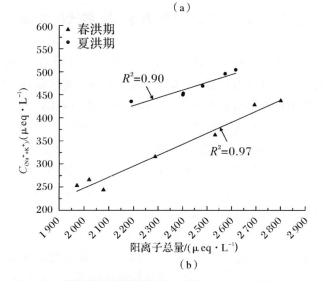

（b）

图 4.11　春洪期和夏洪期地下水中 $C_{(Ca^{2+}+Mg^{2+})}/C_{(Na^{+}+K^{+})}$

与阳离子总量关系

图 4.12 为研究区地下水 $C_{Mg^{2+}}:C_{Ca^{2+}}$、$C_{Na^{+}}:C_{Ca^{2+}}$ 的比值散点图。从图中可以看出,榆树沟流域春洪期和夏洪期地下水的 $C_{Mg^{2+}}:C_{Ca^{2+}}$、$C_{Na^{+}}:C_{Ca^{2+}}$ 的比值均小于 1,其均值均为 0.2 左右,说明该流域地下水的水岩作用以方解石矿物溶解作用为主。这与前文中地下水化学类型的分析结果相一致,即 $Ca^{2+}-HCO_3^{-}$ 水化学类型与当地的岩性有关。

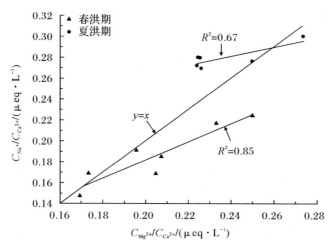

图 4.12 **春洪期和夏洪期地下水中 $C_{Mg^{2+}}:C_{Ca^{2+}}$ 和 $C_{Na^+}:C_{Ca^{2+}}$ 关系**

4.3 夏季大气降水化学特征研究

大气降水化学作为研究大气化学成分变化的有效手段,不仅是监测人类活动对大气环境影响的可靠指标、区分大气环境差异的重要依据,而且能准确反映当地的大气环境质量和污染状况及其对生态系统的潜在影响。远离人类聚集地的降水化学特征能够反映大气化学的本底值,有助于研究、分析大气中化学物质的转化、传输以及酸雨的形成过程和机制。国外大气降水化学研究较早,已在多个地区开展该项研究。20 世纪 90 年代以来,随着我国冰冻圈研究的深入和发展,西部冰冻圈地区进行了大量的降水化学研究,主要是关于降水 pH、电导率、主要离子的分布特征和来源等方面的研究,对研究区域气候环境状况以及气候变迁有重要意义。

东天山位于我国新疆维吾尔族自治区中部,水汽输送受高大山体影响,降水量由西到东逐渐减少,北坡高于南坡。榆树沟流域位于东天山的末端、哈尔里克山南坡,是新疆哈密市工农业生产、城市生活的重要水源,降水是这一地区径流的重要来源之一。该流域气候具有时空上的异质性,降水量明显低于东天山西段,且降水量年内分配极不均匀,主要集中在夏季。目前,受观测条件的限制,东天山西段大气降水化学研究较多,而对更为干旱的东天山末端地区的大气降水化学研究尚未见报道。因此,本书选择位于东天山东端的榆树沟流域作为研究区,通过对采集于 2013 年 5—8 月的 30 个大气降水样品的常规水化学分析,研究大气环境受人类工农业活动影响很小的西部高寒山区小流域的降水化学特征,了解该流域大气环境的本底状况,探讨该区域夏季大气降水物质来源,为进一步研究该流域山区大气环流奠定基础。

4.3.1　降水 pH 和电导率

自然界降水是一个与大气处于平衡状态的水溶液体系,通常情况下,降水与大气中 CO_2 相平衡,其天然酸度的 pH 为 5.6,pH<5.6 的雨水被认为是酸雨,pH 为 5.6~7.0 的雨水为中性降水,pH>7.0 的雨水为碱性降水,其酸性增强被认为是人为污染所致。从图 4.13 可以看出,榆树沟流域夏季大气降水的 pH 在 5.97~7.63 之间,且平均值为 6.8,呈中性,远大于 5.6,说明本研究区降水在采样时段内未发生下酸雨的情况。大气降水量与 pH 的相关性($r = -0.16$)非常弱,几乎不存在,表明降水量对 pH 的影响不明显。

电导率在 3.79~239 $\mu s/cm$ 之间变化,变化幅度非常大。电导率与降水量之间存在一定的反相关关系($r = -0.35$),高电导率降水多发生于降水量较小的情况,低电导率降水多发生在降水量相对较大时[见图 4.13(b)]。这是由于降水量增大的同时,云下冲刷作用稀释了降水中的导电离子,降水电导率相应减小。

pH 和电导率之间存在显著的正相关关系($r = 0.7$,见图 4.14),说明研究区导电离子在溶入水中的同时 OH^- 增多,这可能是由于降水中导电离子主要来源于偏碱性物质。这一结果与哈密庙尔沟平顶冰川雪坑中的 pH 和电导率呈正相关关系相同,这主要是由于哈密庙尔沟与本研究区位于东天山末端南坡,地理环境极为相似。

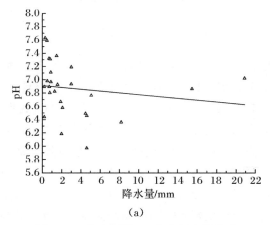

(a)

图 4.13　降水量同 pH 和电导率的关系

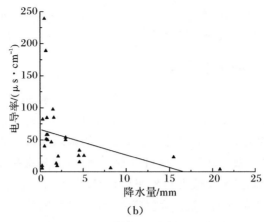

（b）

续图 4.13 降水量同 pH 和电导率的关系

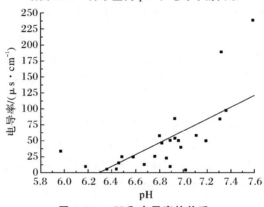

图 4.14 pH 和电导率的关系

4.3.2 降水中主要可溶性离子组成

榆树沟流域春夏季大气降水的主要阳离子中 Ca^{2+}、Na^+ 和 NH_4^+ 的质量浓度分别为 36.10%、27.70% 和 21.89%，主要阴离子中 SO_4^{2-}、NO_3^- 和 Cl^- 的质量浓度分别为 46.71%、26.50% 和 26.21%（见表 4.10）。说明榆树沟流域春夏季大气降水的阳离子化学组成以 Ca^{2+}、Na^+ 和 NH_4^+ 为主，阴离子化学组成以 SO_4^{2-}、NO_3^- 和 Cl^- 为主。阴、阳离子平均质量浓度排序分别是 $SO_4^{2-}>NO_3^->Cl^->F^-$ 和 $Ca^{2+}>Na^+>NH_4^+>K^+>Mg^{2+}$。其中阳离子的排列顺序与地壳中元素的丰度顺序完全一致，而与海水中的阳离子浓度排列顺序（$Na^+>Mg^{2+}>Ca^{2+}>K^+$）不同。分析表明，榆树沟流域位于干旱内陆地区，分布有大面积的荒漠沙滩，使得大气降水中的离子浓度顺序受陆源物质控制，该结果与乌鲁木齐河源区大气降水和青藏高原北部雪冰内杂质来源的结论一致，与哈密庙尔沟平顶冰川的雪坑中离子浓度及顺序存在差异。所测阴离子当量浓度总和（$TZ^- = SO_4^{2-} + Cl^- + NO_3^- + F^-$）为所测阳离子当量浓度总和（$TZ^+ = Ca^{2+} + Na^+ + K^+ + Mg^{2+} + NH_4^+$）的 0.5 倍，比值小于 1，根据阴阳离子平衡，认为缺失的阴离子主要为 HCO_3^-，还有少量的甲酸、乙酸、乙二酸。

表 4.10　采样点夏季大气降水中离子浓度特征值

单位：$mg \cdot L^{-1}$

	$C_{Ca^{2+}}$	$C_{Mg^{2+}}$	C_{Na^+}	C_{K^+}	$C_{NH_4^+}$	$C_{SO_4^{2-}}$	$C_{NO_3^-}$	C_{Cl^-}	C_{F^-}
最大值	19.17	1.29	17.53	6.91	6.83	17.30	8.15	19.09	0.41
最小值	0.03	0.002	0.02	0.004	0.20	0.07	0.06	0.09	0.004
标准差	4.16	0.37	4.45	1.41	1.51	4.74	3.09	3.83	0.076
平均	3.48	0.30	2.67	1.08	2.11	4.83	2.74	2.71	0.06

4.4　降水化学成因分析

4.4.1　相关性分析

降水中离子的相关关系能够反映离子的物质来源或经历的化学反应过程，相关性好的离子之间通常有共同的物质来源或经历了相同的化学反应过程。由于 $C_{SO_4^{2-}}/C_{NO_3^-}$ 是大气降水中的主要致酸离子，所以，$C_{SO_4^{2-}} : C_{NO_3^-}$ 可用于表示大气降水中酸性降水的致酸类型。榆树沟流域夏季大气降水中 $C_{SO_4^{2-}} : C_{NO_3^-}$ 的比值为 1.76[见图 4.15(a)]，表明 SO_4^{2-} 是该地降水中的主要致酸物质。

由于自然降水中的 Na^+、Cl^- 主要源自海盐，所以如果水汽在运输过程中未受外界影响，则二者的当量浓度比值应为 1。榆树沟流域大气降水的 $C_{Cl^-} : C_{Na^+}$ 平均比值为 0.69[见图 4.15(b)]，这可能是由于气团在远距离传输途中 Cl^- 有所损耗或当地可能存在 Na^+ 的来源，西北地区土壤盐渍化较严重，可能提供了一部分 Na^+ 源。

采用社会科学统计软件包（SPSS）进行相关性分析得出的结果中，r 代表皮尔逊相关系数，显著性水平 α 为 0.05 或 0.01 时，认为两者存在显著性相关。其中，$r > 0$ 代表两变量正相关，$r < 0$ 代表两变量负相关。当 $|r| \geqslant 0.8$ 时，可以认为两变量间显著相关；当 $0.5 \leqslant |r| < 0.8$ 时，可以认为两变量中度相关；当 $0.3 \leqslant |r| < 0.5$ 时，可以认为两变量低度相关。$|r| < 0.3$ 说明相关程度小，基本不相关。运用 SPSS 软件对榆树沟流域夏季大气降水中的各组分离子做相关性分析，结果显示见表 4.11。在采样点，Ca^{2+} 和 Mg^{2+} 呈较强的相关关系，表明二者存在一定的共源性。但是 Ca^{2+} 与 Na^+ 和 K^+ 之间的相关性相对较低，这是由于 Na^+ 和 K^+ 除部分与 Ca^{2+} 一样来源于陆源尘埃外，可能还有其他来源，包括海盐源和人为

源的影响。Mg^{2+} 与 Cl^- 之间的相关性较高(0.81),可能是由于 $MgCl_2$ 是 Mg^{2+} 的一种重要的存在形式。K^+ 与 SO_4^{2-} 间较强的相关性可能是由于大气中偏碱性的 K_2CO_3 与 H_2SO_4 发生了化学反应。SO_4^{2-} 与 NO_3^- 较高的相关系数,可能是由于二者的化学性质、光化学过程和氧化机制相似,共同决定了降水的酸度。SO_4^{2-} 和 Ca^{2+}、Mg^{2+}、K^+、Na^+ 四种离子有较强的相关性,SO_4^{2-} 和 Ca^{2+}、Mg^{2+}、K^+、Na^+ 四种离子有较强的相关性,这可能是由于空气颗粒中的各阳离子与大气中的 H_2SO_4 发生了化学反应,从而以硫酸盐的形式进入降水,也可能是大气颗粒物本身就是含硫酸盐较多的陆壳物质,受降水淋洗而存在于雨水中。pH 与 NO_3^- 和 Ca^{2+} 呈较弱的负相关性,而与其他各离子的相关性都非常弱,表明 pH 受 NO_3^- 和 Ca^{2+} 的影响大于其他离子,但并不只受某种离子成分的控制,降水酸性受多种阴阳离子的共同作用。NH_4^+ 与 SO_4^{2-} 和 NO_3^- 相关性较大,表明这三种离子在降水中的存在形式有一定的共性。NH_4^+ 的含量也较低,表明人类活动的影响很小。

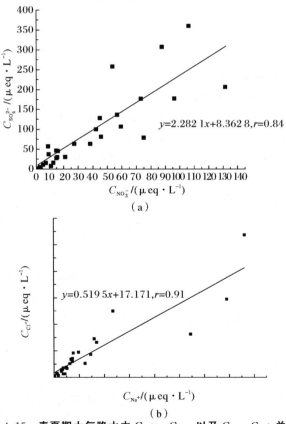

图 4.15　春夏期大气降水中 $C_{SO_4^{2-}}$: $C_{NO_3^-}$ 以及 C_{Cl^-} : C_{Na^+} 关系

表 4.11　采样点春夏季大气降水中离子之间的相关系数

	F^-	Cl^-	NO_3^-	SO_4^{2-}	Na^+	NH_4^+	K^+	Mg^{2+}	Ca^{2+}	pH
$F-$	1									
Cl^-	0.46**	1								
NO_3^-	0.53**	0.56**	1							
SOO_4^{2-}	0.52**	0.78**	0.84**	1						
Na^+	0.34	0.91**	0.42*	0.78**	1					
NH_4^+	0.55**	0.85**	0.54**	0.79**	0.85**	1				
K^+	0.46**	0.97**	0.44*	0.72**	0.92**	0.89**	1			
Mg^{2+}	0.39*	0.81**	0.69**	0.92**	0.86**	0.72**	0.74**	1		
Ca^{2+}	0.36*	0.57**	0.86**	0.82**	0.50**	0.43*	0.42*	0.82**	1	
pH	−0.12	−0.02	−0.42*	−0.37*	−0.08	−0.19	−0.04	−0.22	−0.30	1

注：**表示在 0.01 水平(双侧)上显著相关；*表示在 0.05 水平(双侧)上显著相关。

4.4.2　典型降水的气团轨迹分析

本书利用美国国家海洋和大气管理局(NOAA)提供的 HYSPLIT4.0 气团轨迹模型,结合美国国家环境预报中心(NCEP)的全球再分析资料(Global Reanalysis),计算了采样期间每次降水 96 h 以前水汽来源的气团轨迹(气团高度设置为采样点地面以上 500 m、2 000 m、3 500 m)。32 场降水过程的气团轨迹相关参数见表 4.12。由于有些降水事件的气团轨迹非常相似,所以这里只给出特殊路径和代表性降水事件(碱性降水)的气团轨迹。结果显示,研究区的降水输送路径有西北、西南、东南、偏北四条路径。其中,除 6 月 19 日的一场降水外,其他降水都有来自西北路径的水汽,而存在西南路径的降水仅有 2 场(6 月 19 日,6 月 20 日),东南降水有 2 场(6 月 19 日,6 月 21 日)。西北路径气团起源于俄罗斯西部和哈萨克斯坦,途经新疆西部;偏北路径水汽起源于蒙古国,途经内蒙古西部,所经地区人口密度小、经济相对不发达,工业活动相对较少,但农业活动频繁,存在人类活动影响;西北和偏北路径沿途分布着大面积的沙漠,土壤偏碱性,大气中携带着大量的碱性物质,能够中和降水中的酸性物质;西南路径水汽来我国西南内陆地区,经过青藏高原东部沿线,所经地区植被较完好,受人类活动影响较小;东南路径气团来自于我国中西部区域,沿途植被覆盖率很低,受陆源物质影响较大。6 月 19 日降水气团有西南、东南和偏北 3 条路径,其中东南和偏北路径受陆源影响较大,3 条路径受人类活动影响都很小,使得本次降水的 pH(6.89)接近于中性。6 月 20 日和 21 日降水水汽除受西北路径影响外,还有来自西南和东南的水汽,虽然水汽来源有所不同,但其 pH(6.67,6.47)仍没有偏离平均值(6.8)。这可能是由于两场降水都受西北水汽团影响,而且西北水汽团的影响占据主要地位。观测期内,共出现了 5 次碱性降水,其 pH 分别是 7.36(6 月 6 日)、7.02(6 月 7 日)、7.59(7 月 25 日)、7.27(7 月 27 日)、7.12(7月 29 日)。这 5 次降水的水汽团全都来自于西北,所经地区人口稀少、工业活动很少,受人类活动影响小,而且沿途分布着大面积的沙漠,大气气溶胶中携带大量碱性物质,使得降水偏碱性。

表 4.12　32 场降水过程的气团轨迹相关参数

采样日期	经纬度	海拔高度/m	气团高度(地面以上)/m	运行时间/h
2013 - 05 - 07	93°57′E,43°05′N	1 670	500、2 000、3 500	96
2013 - 05 - 15	93°57′E,43°05′N	1 670	5 00、2 000、3 500	96
2013 - 05 - 22	93°57′E,43°05′N	1 670	5 00、2 000、3 500	96
2013 - 06 - 01	93°57′E,43°05′N	1 670	500、2 000、3 500	96
2013 - 06 - 06	93°57′E,43°05′N	1 670	500、2 000、3 500	96
2013 - 06 - 07	93°57′E,43°05′N	1 670	500、2 000、3 500	96
2013 - 06 - 08	93°57′E,43°05′N	1 670	500、2 000、3 500	96
2013 - 06 - 12	93°57′E,43°05′N	1 670	500、2 000、3 500	96
2013 - 6 - 19(1)	93°57′E,43°05′N	1 670	500、2 000、3 500	96
2013 - 06 - 19(2)	93°57′E,43°05′N	1 670	500、2 000、3 500	96
2013 - 06 - 19(3)	93°57′E,43°05′N	1 670	500、2 000、3 500	96
2013 - 06 - 20(1)	93°57′E,43°05′N	1 670	500、2 000、3 500	96
2013 - 06 - 20(2)	93°57′E,43°05′N	1 670	500、2 000、3 500	96
2013 - 06 - 21(1)	93°57′E,43°05′N	1 670	500、2 000、3 500	96
2013 - 06 - 21(2)	93°57′E,43°05′N	1 670	500、2 000、3 500	96h
2013 - 06 - 21(3)	93°57′E,43°05′N	1 670	500、2 000、3 500	96
2013 - 06 - 25	93°57′E,43°05′N	1 670	500、2 000、3 500	96
2013 - 06 - 28	93°57′E,43°05′N	1 670	500、2 000、3 500	96
2013 - 07 - 02	93°57′E,43°05′N	1 670	500、2 000、3 500	96
2013 - 07 - 06	93°57′E,43°05′N	1 670	500、2 000、3 500	96
2013 - 07 - 09	93°57′E,43°05′N	1 670	500、2 000、3 500	96
2013 - 07 - 13	93°57′E,43°05′N	1 670	500、2 000、3 500	96

续 表

采样日期	经纬度	海拔高度/m	气团高度(地面以上)/m	运行时间/h
2013－07－14	93°57′E,43°05′N	1 670	500、2 000、3 500	96
2013－07－20	93°57′E,43°05′N	1 670	500、2 000、3 500	96
2013－07－25	93°57E,43°05′N	1 670	500、2 000、3 500	96
2013－07－27(1)	93°57′E,43°05′N	1 670	500、2 000、3 500	96
2013－07－27(2)	93°57′E,43°05′N	1 670	500、2 000、3 500	96
2013－07－29(1)	93°57′E,43°05′N	1 670	500、2 000、3 500	96
2013－07－29(2)	93°57′E,43°05′N	1 670	500、2 000、3 500	96
2013－08－26	93°57′E,43°05′N	1 670	500、2 000、3 500	96
2013－08－27(1)	93°57′E,43°05′N	1 670	500、2 000、3 500	96
2013－08－27(2)	93°57′E,43°05′N	1 670	500、2 000、3 500	96

4.4.3　离子来源解析

大气降水中离子来源主要包括土壤岩石风化、海盐随水汽输送和人为活动排放。可采用富集因子(Environment Factors,EF)方法,运用雨水与参照物之中的离子比例,来判断雨水中的离子来源。根据肖辉等总结的判定标准,选取 Cl^- 为地壳源的参考元素。由于 Ca 元素大量存在于地壳中,是一种亲石性元素,成分不易改变,所以常用来作为陆地源的参照元素。根据以下公式计算降水离子的富集因子(EF):

$$EF_{sea} = \frac{[X/Cl^-]_{rain\ water}}{[X/Cl^-]_{sea}} \qquad (4.7)$$

$$EF_{soil} = \frac{[X/Ca^{2+}]_{rain\ water}}{[X/Ca^{2+}]_{soil}} \qquad (4.8)$$

式中:X 为降水离子成分,海水中$[X/Na^+]$参照 Keene 等的研究结果,土壤中 $[X/Ca^{2+}]$参考 Taylor 等的研究结果。

当 EF 值大于 1 时表明该离子被富集,小于 1 时则表明被稀释。由式(4.7)、式(4.8)计算出各降水离子的富集因子(见表 4.13)。SO_4^{2-} 与 NO_3^- 的 EF_{sea} 和 EF_{soil} 均远高于 1,说明海盐源和陆源的贡献非常小,基本没有,主要是人为活动(煤炭燃烧和机动车尾气排放)造成的。Cl^- 的 EF_{soil} 值为 140.96,远大于 1,说明 Cl^- 相对于土壤被富集,降水中 Cl^- 含量几乎未受地壳源的影响,其主要来源为海盐源。通常情况下,Ca^{2+} 受海盐源的影响可以被忽略,且本研究中 Ca^{2+} 的 EF_{sea} 较高(60.24),远大于 1,表明其主要源于空气中悬浮的土壤颗粒、建筑活动以及来往机动车和风所带起的路边尘土。Mg^{2+} 的 EF_{sea} 和 EF_{soil} 分别为 1.69 和 0.27,表明其存在海盐源和陆源的影响。Na^+ 的 EF_{sea} 和 EF_{soil} 分别为 1.58 和 1.04,表明 Na^+ 相对于海盐源和陆源均被富集,受二者的共同影响。K^+ 的 EF_{sea} 为 19.37,表明海盐源对其有非常弱的影响;而 EF_{soil} 为 0.32,证明了其来源有相当一部分是陆源物质(生物质燃烧)。通常认为,NH_4^+ 和 F^- 全部来源于人类活动,而本研究结果显示,降水中存在 NH_4^+ 和 F^-,但二者含量很低,表明有人类活动的影响,但影响很小。

表 4.13　降水中各离子相对于海盐和土壤成分的富集因子

来源	$C_{SO_4^{2-}}/C_{Cl^-}$	$C_{NO_3^-}/C_{Cl^-}$	$C_{Ca^{2+}}/C_{Cl^-}$	C_{Na^+}/C_{Cl^-}	$C_{Mg^{2+}}/C_{Cl^-}$	C_{K^+}/C_{Cl^-}
海水	0.104	0.000017	0.038	0.86	0.195	0.019
降水	1.316	0.579	2.289	1.355	0.329	0.368
EF_{sea}	12.65	34058.82	60.24	1.58	1.69	19.37
来源	$C_{SO_4^{2-}}/C_{Ca^{2+}}$	$C_{NO_3^-}/C_{Ca^{2+}}$	$C_{Cl^-}/C_{Ca^{2+}}$	$C_{Na^+}/C_{Ca^{2+}}$	$C_{Mg^{2+}}/C_{Ca^{2+}}$	$C_{K^+}/C_{Ca^{2+}}$
土壤	0.0188	0.0021	0.0031	0.569	0.561	0.504
降水	0.575	0.253	0.437	0.592	0.144	0.161
EF_{soil}	30.59	120.48	140.96	1.04	0.27	0.32

降水中离子的来源主要有海盐源、陆源和人为源三种。端元贡献法可以用于估算各来源对降水中各离子贡献的大小。本书按下列公式计算各源的贡献率:

$$SSF\% = 100\%(X/Cl^-)_{sea}/(X/Cl^-)_{rain} \tag{4.9}$$
$$CF\% = 100\%(X/Ca^{2+})_{soil}/(X/Ca^{2+})_{rain} \tag{4.10}$$
$$AF\% = 1 - SSF\% - CF\% \tag{4.11}$$

式中:SSF 代表海盐源贡献;CF 代表陆源贡献;AF 代表人为源贡献,X 为要计算的降水离子组分。

计算结果显示(见表 4.14),Ca^{2+} 和 K^+ 主要来自于非海盐贡献;SO_4^{2+}、NO_3^-、F^- 和 NH_4^+ 几乎全部由人类活动贡献;Cl^- 主要受海盐源影响,而陆源和人为源对其影响微乎其微;Na^+ 的来源受海盐源的影响,同时,气团所经地区有大面积的盐渍土,使得 Na^+ 有相当一部分受陆源影响,即降水气团所经地区分布着大面积的沙漠地带和土壤盐渍化较严重地区,而且农业活动较频繁,使得非海盐源对研究区的降水离子影响较大。本研究结果与陈物华等对哈密庙尔沟平顶冰川雪坑中主要离子来源比例(Cl^- 除外)结果相似,其主要原因是二者均位于东天山末端、哈尔里克山南坡,榆树沟流域与庙尔沟流域相邻,其地理位置相近,均受西风环流带来的大西洋气流和北冰洋气流影响;两地 Cl^- 的来源出现差异,这一方面是由于局地的气候和环境不同,另一方面是哈密庙尔沟平顶冰川雪层在消融期出现淋融作用。本结果与侯书贵等对东天山西段的乌鲁木齐河源区大气降水化学特征研究的结果存在较大差异,可能与榆树沟流域处于塔克拉玛干沙漠、鄯善沙漠和古尔班通古特沙漠的下风向相关,其离子来源受沿途地表环境影响。

表 4.14　不同来源对降水中各离子的贡献

单位:%

离子成分	本研究区降水			哈密庙尔沟平顶冰川雪坑	
	海盐源	非海盐源		海盐源	非海盐源
		地壳源	人为源		
SO_4^{2+}	7.9	3.48	88.62	8	92
NO_3^-	0.003	0.83	99.17	1	99
Cl^-	99.29	0.71	—	22	78
Ca^{2+}	1.66	98.34	—	0	100
K^+	5.16	94.84	—	10	90
Na^+	63.45	36.55	—	71	29
Mg^{2+}	59.28	40.72	—	56	44
F^-	0.00	0.00	100.00	—	—
NH_4^+	0.00	0.00	100.00	0	100

注:哈密庙尔沟平顶冰川雪坑各离子来源比例来自陈物华等(2015)。

4.5　本章小结

(1)榆树沟流域春洪期和夏洪期河水样品的 pH 分别为 8.04 和 7.66,均呈弱碱性;TDS 含量分别为 68.84 mg · L^{-1} 和 51.4 mg · L^{-1},属于弱矿化度水;HCO_3^-、Ca^{2+} 是浓度最高的阴、阳离子。阴、阳离子质量浓度排序为 HCO_3^- > SO_4^{2-} > Cl^- > NO_3^-,Ca^{2+} > Na^+ > Mg^{2+} > K^+,结果表明,这主要是由于榆树沟的岩性的影响。流域春洪期和夏洪期河水主要离子类型均为 HCO_3^- — Ca^{2+}。

(2)尽管雪融水是榆树沟春洪期径流的重要补给源,但即时径流量对径流中主要离子组成、TDS、EC、pH 的调节作用不大。受河流比降和流速的影响,离子日平均值的日间变化与日径流量的变化总体呈相反的关系。

(3)Gibbs 图、Piper 三角图和离子间相关关系研究结果表明,径流中离子主要来源于石灰岩等碳酸盐岩的风化。各离子间的相关系数表明,榆树沟水体中离子的主要来源不是硅酸盐岩的风化。Na^+ 和 K^+ 的来源具有一致性,且榆树沟流域花岗岩更偏重钠长石。水体阴离子中 SO_4^{2-} 和 NO_3^- 含量都较少,且二者的相关性很高,表明受农业和工业污染较小,二者具有共源性。Cl^- 主要来自于 $NaCl$ 和 $MgCl_2$ 等岩盐的风化。

(4)$C_{Na^+}:C_{Cl^-}$ 比值大于 1,表明该流域径流水化学组分受到强烈的水岩相互作用的影响,而且河水中 $C_{Na^+}:C_{Cl^-}$ 呈现出不成比例的增加,体现了矿物溶解,包括 $NaCl$ 和钠长石等含钠矿物的溶解。$C_{(Ca^{2+}+Mg^{2+})}:C_{(HCO_3^-+SO_4^{2-})} \approx 1$,$C_{(Ca^{2+}+Mg^{2+})}:C_{(HCO_3^-)}$ 的当量比值 $1 < x < 2$,表明流域碳酸盐岩的风化的同时有 H_2SO_4 的参与。$C_{(Na^++K^+)}:C_{TZ^+}$ 当量浓度比为 0.13 和 0.15,$Ca^{2+}+Mg^{2+}$ 与阳离子的当量浓度比值的平均值(0.87 和 0.85)较高,进一步表明研究区春洪期和夏洪期阳离子的主要来源是碳酸盐的风化溶解作用。春洪期和夏洪期河水的 $C_{Mg^{2+}}:C_{Ca^{2+}}$、$C_{Na^+}:C_{Ca^{2+}}$ 的比值均小于 1,说明该流域的岩石风化作用主要以方解石矿物的溶解作用为主。

(5)榆树沟流域春洪期和夏洪期地下水的 pH、盐度、TDS 和电导率均大于同时期的相应地表径流值,表明地下水在流动过程中发生了更强烈的水岩作用。阳离子质量浓度序列为 $Ca^{2+} > Na^+ > Mg^{2+} > K^+$,阴离子质量浓度序列为 $HCO_3^- > SO_4^{2-} > Cl^- > NO_3^-$;该流域地下水主要离子类型为 $HCO_3^- - Ca^{2+}$。TDS 含量分别 104.33 mg·L^{-1} 和 99 mg·L^{-1},属于弱矿化度水,可以作为优良的饮用水源。

(6)Gibbs 图表明榆树沟流域春洪期和夏洪期地下水中离子组成主要受岩石风化作用的影响。春洪期地下水中 Cl^-、SO_4^{2-}、NO_3^-、Ca^{2+}、Mg^{2+} 和 Na^+ 与对应的 TDS 值的相关性非常高,表明该时期地下水的矿化度主要受这六种离子的控制。各离子间都有很好的相关性,表明其来源具有一致性。夏洪期,pH 与 Mg^{2+}、K^+ 和 TDS 均呈现出负相关,且 Mg^{2+}、K^+ 与其他离子的相关性都较差,而其他离子的相关性都较好,说明 Mg^{2+}、K^+ 有其独特的来源,并且镁盐和钾盐的溶解浓度对该时期地下水 pH 有一定的影响。

(7)榆树沟流域春洪期和夏洪期地下水中 Na^+ 和 Cl^- 浓度表现出显著的相关关系,这可能是地下水补给来源单一和强烈的蒸发作用导致的。同时地下水中 $C_{Na^+}:C_{Cl^-}$ 的不成比例增加表明,矿物溶解不只有 $NaCl$ 的溶解,还有少量的硅酸盐岩的风化以及钠长石和 $MgCl_2$ 等矿化物的溶解,影响了地下水中的 Na^+/Cl^- 平衡。地下水中摩尔浓度比 $C_{(Na^++K^+)}:C_{Cl^-}$ 均大于 1,表明该流域山区地下水在通过含水层补给河流的过程中发生了多次水岩溶滤作用。K^+/Na^+ 的平均值为 0.19,也说明该流域钠长石对离子的贡献大于钾长石。在春洪期,$C_{(Ca^{2+}+Mg^{2+})} - C_{(HCO_3^-+SO_4^{2-})}$ 与 $C_{(Na^++K^+-Cl^-)}$ 的关系表示不显著,表明榆树沟流域春洪期地下水的阳离子交换不显著;而在夏洪期,两者的相关关系非常显著,表明榆树沟流域夏洪期地下水的阳离子交换频繁。$C_{(Ca^{2+}+Mg^{2+})}:C_{(HCO_3^-+SOO_4^{2-})}$ 的值为 1 左右,表明流域碳酸盐岩的风化过程有 H_2SO_4 的参与。该流域地下水化学组成还受少量的硅酸盐岩风化的影响。春洪期地下水的 $C_{(Ca^{2+}+Mg^{2+})}:C_{(HCO_3^-)}$ 的当量比值为 1.12,这说明该流域春洪期地下水的化学风化作用的来源主要是 H_2CO_3 风化碳酸盐岩,伴有少量的 H_2SO_4 风化碳酸盐岩。夏洪期地下水的 $C_{(Ca^{2+}+Mg^{2+})}:C_{(HCO_3^-)}$ 的当量比值为 0.96,稍小于 1,表明该时期流域主要以碳酸盐风化为主,并伴有极少量的硅酸盐岩溶解。

(8)榆树沟流域春夏季大气降水的 pH 范围在 5.97~7.63 之间,且平均值为 6.86,呈弱酸性,远大于 5.6,说明本研究区降水在采样时段内未发生下酸雨的情况。阴、阳离子平均质量浓度从高到低分别是 $SO_4^{2-}>NO_3^->Cl^->F^-$ 和 $Ca^{2+}>NH_4^+>Na^+>K^+>Mg^{2+}$。其中,阳离子排列顺序与地壳中元素的丰度顺序相一致,表明大气降水中的离子浓度顺序受陆源物质控制。榆树沟流域春夏季大气降水中 $C_{SO_4^{2-}}:C_{NO_3^-}$ 的比值为 2.51,表明 SO_4^{2-} 是该地降水中的主要致酸物质。Na^+ 和 K^+ 除部分与 Ca^{2+} 一样来源于陆源尘埃外,可能还有其他来源。Mg^{2+} 与 Na^+ 和 Cl^- 三者可能都来源于海盐。SO_4^{2-} 与 NO_3^- 共同决定了降水的 pH。pH 受 NO_3^- 和 Ca^{2+} 的影响,但降水酸性还是受多种阴阳离子的共同作用。NH_4^+ 与 SOO_4^{2-} 和 NO_3^- 三种离子在降水中的存在形式有一定的共性。

第5章 流域山区各水体稳定同位素特征及其环境意义

5.1 大气降水中稳定同位素特征

降水环境同位素特征分析是利用环境同位素技术研究局地乃至全球水循环和气候变化的基础。榆树沟流域的降水,夏季主要受西风气流的影响,其降水量分配很不均衡,降水多集中在 5～9 月,这一时期的降水占年降水量的 79.6%,而且是夏季地表径流的重要补给来源。本书采集了 2013 年 5～8 月的大气降水并对其进行稳定同位素的研究,分析降水中 $\delta^{18}O$ 和 δD 的组成特征,以期为流域大气降水的水汽来源和水循环提供参考。

5.1.1 大气降水中同位素随时间的变化及其影响因素

榆树沟流域春夏季大气降水同位素值存在较大的变化幅度(见图 5.1 和表5.1): $\delta^{18}O$ 变化范围为 $-14.65‰$ 到 $5.74‰$, δD 变化范围为 $-96.2‰ \sim 44.23‰$,变化幅度较大。全球大气降水中, $\delta^{18}O$ 介于 $-50‰ \sim 10‰$, δD 介于 $-350‰ \sim 50‰$。Liu 等采集了我国范围内的大气降水,报道了我国大气降水同位素值: $\delta^{18}O$ 含量为 $-29.47‰ \sim 9.15‰$, δD 含量为 $-229.6‰ \sim 45.4‰$。西北干旱区大气降水 $\delta^{18}O$ 介于 $-20.58‰ \sim -0.01‰$ 之间。可见,榆树沟流域大气降水的氢氧同位素含量没有出现异常。

在春夏季,从 5～8 月总体表现为不断富集,其中最大值(δD 为44.23‰, $\delta^{18}O$ 为 5.74‰)出现在夏季 6 月 12 日,根据记录,该次降水量为 0.7 mm,日平均温度为 18.1 ℃。这主要是由于榆树沟流域山区位于内陆地区,夏季气温高,产生降水的水汽有相当一部分来自局地蒸发,且本次降水量很小,导致氢氧同位素值相对偏高;同时,雨滴在降落过程中,蒸发作用富集重同位素,进一步导致了高的降水氢氧同位素值。最小值出现在 6 月 21 日的第二场雨,降水量为 4.5 mm,日平均气温为 16.3 ℃,该次降水为该日的第二次降水,且降水量相对较大,存在一定的雨量效应,使得本次降水的同位素值偏低。

如图 5.1 所示,采样期间氢氧同位素值在逐月增高,5~7 月,虽然降水量逐月增大,但温度也在逐月升高,因此局地蒸发量增大,使得温度效应大于雨量效应;而进入 8 月份后,虽然温度降低,但氢氧同位素值还在增大,这是因为 8 月份的降水量小了,表明这期间雨量效应大于温度效应。

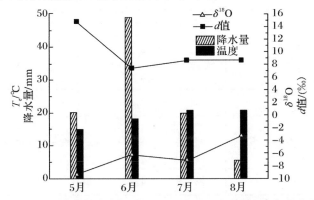

图 5.1　榆树沟流域降水 δ^{18}O 和 d 值随月降水和月均温的变化

表 5.1　榆树沟流域春夏季大气降水中 δ^{18}O 和 δD 值

采样日期	δ^{18}O/(‰)	δD/(‰)
2013 - 5 - 7	−5.66	−31.71
2013 - 5 - 15	−10.65	−69.55
2013 - 5 - 27	−3.74	−19.03
2013 - 5 - 31	1.28	7.21
2013 - 6 - 6	0.99	2.96
2013 - 6 - 7	−5.31	−35.23
2013 - 6 - 8	−6.28	−41.55
2013 - 6 - 12	5.74	44.23
2013 - 6 - 19(A)	−4.80	−42.86
2013 - 6 - 19(B)	−6.69	−53.61
2013 - 6 - 19(C)	−8.29	−58.51

续 表

采样日期	$\delta^{18}O/(‰)$	$\delta D/(‰)$
2013-6-21(A)	-12.11	-84.04
2013-6-20(A)	-7.00	-38.59
2013-6-20(B)	-10.14	-63.88
2013-6-21(B)	-14.65	-96.20
2013-6-21(C)	-4.78	-53.53
2013-6-28	-0.77	-7.70
2013-7-6	0.52	1.84
2013-7-9	-12.32	-82.88
2013-7-13	-0.47	-3.19
2013-7-14	-5.41	-40.38
2013-7-20	-3.93	-32.89
2013-7-25	-4.47	-30.83
2013-7-27(A)	-5.70	-48.14
2013-7-27(B)	-2.77	-21.66
2013-7-29(A)	-1.90	-12.18
2013-7-29(B)	-3.78	-20.48
2013-8-26	-3.49	-16.88
2013-8-27(A)	-2.68	-23.44
2013-8-27(B)	-0.58	-11.27

5.1.2 大气降水线

大气降水线可以较好地反映一个地区的自然地理和气象条件,有助于分析历史气候变迁及水汽来源等问题。Liu 等根据全国范围内的降水资料,提出了我国最新的降水方程:$\delta D = 7.48\delta^{18}O + 1.01$。随后李小飞等报道了西北干旱区($\delta D = 7.24\delta^{18}O + 1.96‰$)大气降水线方程。侯典炯等根据大气降水同位素监测网(Global of Isotope in Precipitation,GNIP)乌鲁木齐站点 1986—2003 年大

气降水稳定同位素资料分析,得到乌鲁木齐大气降水线方程($D = 7.10\delta^{18}O +$
2.27)。图 5.2 给出了榆树沟流域山区春夏季大气降水线。根据实测 δD 和 $\delta^{18}O$
数据,采用最小二乘法得到榆树沟流域大气降水线方程为 $\delta D = 6.614\delta^{18}O -$
2.953,$R^2 = 0.98$。该方程的截距和斜率都低于全球降水方程和中国降水方程,
尤其是截距显著偏低。与李小飞等报道的西北干旱区大气降水线及侯典炯等报
道的乌鲁木齐大气降水线相比,截距和斜率也都偏低。斜率小于 8,表明该地区
降水的水汽来源有其特殊性,加上该区干燥的气候,雨滴在云底相对干燥的大气
中发生了分馏,即云下蒸发作用,并且蒸发量大于降水量。前人研究表明,温度
越高,空气湿度越小,地区大气降水线就越偏离全球降水线,地区大气降水线的
斜率也就越小,同时截距值也随之偏向更小值。因此,榆树沟流域大气降水线较
小的斜率和截距值较准确地反映了该区气候干燥、少雨、蒸发强烈等自然地理和
气候现象。

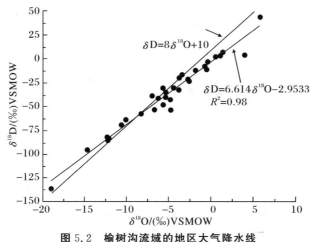

图 5.2　榆树沟流域的地区大气降水线

5.1.3　降水与气象因素的关系

5.1.3.1　温度效应

大气降水中 $\delta^{18}O$ 和 δD 的变化与产生降水的物理过程有着密切的关系,其
中水循环过程中的蒸发和凝结作用对 $\delta^{18}O$ 和 δD 的影响最显著。温度是蒸发和
凝结过程的主要控制因素。气温对降水中稳定同位素产生的主要作用是:在一
定程度上,地面温度与上空降水云团的冷凝温度有对应关系,而后者与降水的 δ
值有直接关系。因此,温度与 $\delta^{18}O$ 和 δD 之间的关系是稳定同位素技术在古气
候研究中应用的重要内容。而中高纬度大陆内部地区 $\delta^{18}O$ 受温度影响较大。

通过对榆树沟流域春夏季大气降水中同位素值与日均温之间的回归分析,获得直线方程分别为:$\delta^{18}O=0.53T-12.8(r=0.48)$,$\delta D=3.15T-79.7(r=0.41)$。图 5.3 所示为榆树沟流域降水的 $\delta^{18}O$ 和 δD 与日均温度关系。可以看出,榆树沟流域春夏季降水的 $\delta^{18}O$ 和 δD 与日均温度之间具有较好的正相关关系,且温度与 $\delta^{18}O$ 之间的相关性优于与 δD 之间的相关性,说明榆树沟流域降水中同位素值存在一定的温度效应。榆树沟流域位于西北干旱区,降水过程中伴有强烈的蒸发作用,蒸发过程中同位素分馏主要是动力分馏过程,由于氢氧分子动能存在差异,相态转变时二者发生平衡蒸发,使得蒸发剩余水中更富集 $\delta^{18}O$,并且富集程度与蒸发强度存在正相关关系,从而导致氧同位素含量比氢同位素能更灵敏地指示气温的变化。因此,$\delta^{18}O$ 比 δD 更适合于研究该区水体中环境同位素变化机理和气候变化。

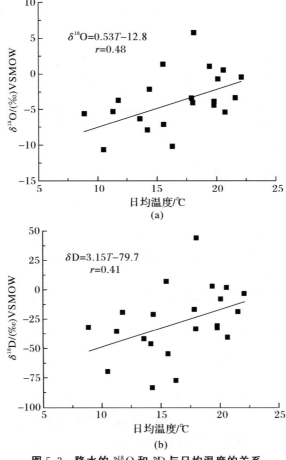

图 5.3 降水的 $\delta^{18}O$ 和 δD 与日均温度的关系

5.1.3.2　降水量效应

如图 5.4 所示,降水中氢氧同位素变化的降水量效应不明显。这可能是由于榆树沟流域位于极端大陆性地区,流域山区水汽局地性循环显著,致使该区域春夏季降水事件中的 δD 和 $\delta^{18}O$ 与降水量关系很小。而且降水中稳定同位素的 δ 值的差别与不同的水汽来源有一定的关系。除此之外,在此期间,降水量大的同时气温也较高,较高的气温导致降水过程中蒸发,从而引起同位素分馏效应,使得降水量大的同时同位素含量 δ 值没有明显降低。分析结果表明,榆树沟流域春夏季降水中的同位素值受温度影响较显著,而受降水量的影响较小,也就是说,榆树沟流域大气降水的温度效应(见图 5.3)大于雨量效应(见图 5.4)。这一现象符合经典同位素理论中降水量效应在内陆区通常不显著而主要发生在中低纬度海岸和海岛地区的说法,它的产生与强烈的对流现象有很大关系。

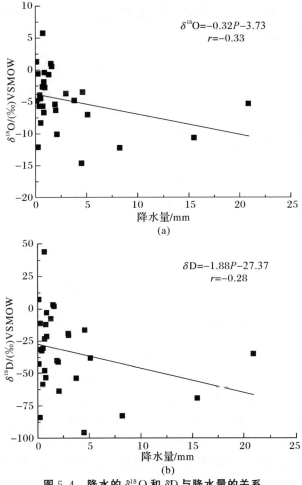

图 5.4　降水的 $\delta^{18}O$ 和 δD 与降水量的关系

5.1.3.3 大气降水的 d-excess 特征

降水中 d 值能够反映降水的水汽来源地的相对湿度状况和风速,即当地的蒸发状况。因此,可以利用 d 值来研究水汽来源地的干湿状况。大气降水 d 值的大小不仅受蒸发过程的影响,而且雨滴降落过程的二次蒸发作用也会引起 d 值的变化。在干燥的气候条件下,雨滴的二次蒸发作用对 d 值的影响很大。

图 5.5 为 d 值与温度的关系。这是因为从 5 月到 7 月份,虽然降水量增加,但是气温也在升高,局地蒸发量增大,雨滴在降落过程中的二次蒸发加强,使得 d 值降低;8 月份气温开始降低,蒸发强度减弱,降水量减少,空气相对 7 月份干燥,d 值开始升高。d 值随时间的变化反映了水汽来源地蒸发条件的差异。当水体在未饱和大气中蒸发时,由于动力分馏效应,D 同位素优先蒸发,加快了蒸发水汽中 D 与 ^{18}O 分馏效应,从而导致蒸发的水汽中 $\delta D/\delta^{18}O$ 和 d 值增大,而剩余水汽中的 d 值减小。

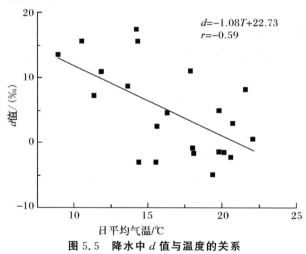

图 5.5　降水中 d 值与温度的关系

5.1.4　水汽来源分析

大气降水中的环境同位素可以有效地追踪地区不同季节降水的水汽来源及气团运动路径。目前,利用水体稳定同位素方法进行区域降水水汽来源的示踪,主要集中在对不同季节水汽来源的示踪上,但利用降水中 d 值含量直接对局地水汽来源的示踪研究却很少。本书用降水中 d 值示踪法对研究区内连续降水的水汽来源进行示踪,结合美国国家环境预报中心(NCEP)和美国国家大气研究中心(NCAR)大气再分析资料的方法,对榆树沟流域山区降水的水汽来源进行示踪。

　　基于 NCEP/NCAR 再分析资料和中国季风影响区域,对榆树沟流域山区春夏季的大气水汽来源做初步探讨。根据 NCEP/NCAR 再分析资料对榆树沟流域及其附近区域 2013 年 5 月和 2013 年 6—8 月 500 hPa 的风场和湿度场进行计算,分别代表春季和夏季的水汽来源状况(见图 5.6)。结果表明,与我国西部青藏高原相比,西北地区大气降水的水汽来源的形势相对简单。如图 5.6 所示,榆树沟流域春夏季水汽的主要来源是西风输送,而在春季偶尔会受到极地气团的影响。

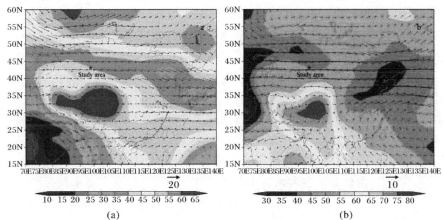

图 5.6　榆树沟流域及附近区域 500 hPa 平均风场和湿度场的分布特征(箭头表示风向)

(a)2013 年 5 月;(b)2013 年 6—8 月

　　以榆树沟流域唯一的水文站——榆树沟水文站为气团运动终点,利用美国国家海洋和大气管理局(NOAA)所提供的 HYSPLIT4.0 气团轨迹模型,结合美国国家环境预报中心(NCEP)的全球再分析资料(Global Reanalysis),计算采样期间每次降水 96 h 以前水汽来源的气团轨迹(气团高度设置为采样点地面以上 500 m、2 000 m,3 500 m 共 3 层),该轨迹包括气团水平和垂直方向的两个运移路径。

　　5 月份为该流域的春季,榆树沟流域春季降水水汽主要来自欧洲及俄罗斯西部内陆,有时还有来自北冰洋地区的水汽。5 月 7 日降水发生在 4:55—5:25,这一时段局地对流相对很弱,降水中 $\delta^{18}O$ 较低。源自俄罗斯西北部水汽气流,途经哈萨克斯坦,通过阿拉山口进入研究区域形成降水;受西风带环流的影响,来自北大西洋的水汽,途径俄罗斯西部和哈萨克斯坦,通过阿拉山口进入研究区域形成降水,漫长的输送路径必然使水汽中的 $\delta^{18}O$ 贫化作用显著,加上局地对流作用弱,且本次降水形式为雨夹雪,蒸发较弱,使得降水中 $\delta^{18}O$ 较低,d 值(13.57)大于 10。从 5 月 15 日降水的气团轨迹图可以看出,一条水汽源自局地环流,另外两条源自欧洲大陆的水汽,途径俄罗斯西部和哈萨克斯坦,通过伊犁河谷进入研究区域。虽然本次降水事件有部分水汽来自局地对流,但是来自欧洲大陆的水汽经过了长距离的传输,水汽中 $\delta^{18}O$ 已显著贫化,且本次降水量相对较大,因此降水中 $\delta^{18}O$ 更低,降水 d 值(15.65)出现更大值。5 月 22 日,有两条水汽来自欧洲大陆北部,另外一条来自高纬度的北冰洋陆缘海域地区,且均属于中低层水汽气团,途径俄罗斯西部和哈萨克斯坦,通过伊犁河谷进入。该次降水的时间是 14:10—16:50,虽然该时段蒸发强烈,雨滴在降落过程中因蒸发使重同位素富集,但来自北部的水汽在经过长途输送后同位素损耗较多,致使降水中 $\delta^{18}O$ 表现为较低值,d 值为 10.89,稍高于全球平均值 10。

6、7、8 月份为该流域的夏季,受西风环流的控制,该季节降水水汽主要来自欧洲大陆、中亚、俄罗斯西部、地中海和黑海及附近地区及蒙古境内,虽然水汽在经过漫长的输送路径,产生了同位素的损耗,但由于该流域位于西北干旱内陆地区,空气湿度非常低,蒸发强烈,因此产生降水的水汽有相当一部分为局地蒸发水汽;受干旱地区表面水体中 $\delta^{18}O$ 偏高的影响,蒸发水汽中 $\delta^{18}O$ 也较高;雨滴在降落过程中的二次蒸发作用,致使夏季降水中 $\delta^{18}O$ 在整体上高于春季,因此,降水中 $\delta^{18}O$ 相对较高,d 值出现较低值。6 月 12 日降水出现了 $\delta^{18}O$ 最高值,d 值(−1.69)较低。虽然该次降水水汽源自中亚地区和地中海附近区域,经历了长距离的输送,由伊犁河谷和阿拉山口进入中国境内,但该次降水量很小,仅为 0.7 mm,且日均温为 18.1 ℃,局地对流活动强烈,加上雨滴在降落过程中由于蒸发而产生的富集作用,出现了 $\delta^{18}O$ 最高值和较低的 d 值(−1.69)。6 月 21 日降水出现 $\delta^{18}O$ 最低值,该次降水水汽来源于俄罗斯西部和中国西北大陆内部局地蒸发的水汽,降水应归类为大陆性气团形成的降水。但是由于俄罗斯西部水汽的长距离输送贫化了 $\delta^{18}O$,而且 6 月 21 日连续发生了 3 次降水,云中水汽的氧稳定同位素分馏程度较高,加上本次降水事件发生在 8:30—9:05 这一局地对流相对较弱的时段,所以本次降水出现了 $\delta^{18}O$ 极低值,d 值最高值为 21。

5.2 地下水和地表径流中稳定同位素的特征

5.2.1 地下水 δD 和 $\delta^{18}O$ 的变化特征

由图 5.7 可以看出,春洪期地下水的同位素值最小,$\delta^{18}O$ 和 δD 平均值分别是 −13.34‰ 和 −92.83‰,变化范围分别为 −13.08‰ ～ −13.74‰,−90.95 ‰ ～ −94.88 ‰,变化幅度很小。相对稳定的同位素值表明,地下水的补给源环境相对稳定。$\delta^{18}O$ 和 δD 分布在地区大气降水线和全球大气降水线之间,而且其 d 值为 13.81‰,说明春洪期地下水没有经历强烈的蒸发作用。

夏洪期地下水的 δD 和 $\delta^{18}O$ 值的变化范围分别为 79.47% ～ −75.8%、

$-11.98‰\sim-11.6‰$,平均值分别为$-77.36‰$和$-11.78‰$。夏洪期地下水的同位素值分布位于大气降水线的右上方,氢氧同位素较富集,可能的原因是水源在补给地下水时受到一定程度的蒸发分馏作用,其氢氧同位素较富集。蒸发作用越强烈 d 值越偏负,但实际上夏洪期的 d 值却高于春洪期,分别为 16.21‰ 和 16.86‰,这反映出该流域地下水在夏洪期可能具有特殊的补给来源,这还有待于进一步的研究。

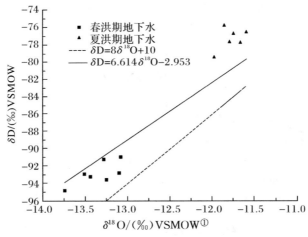

图 5.7　地下水 $\delta^{18}O-\delta D$ 的关系图

5.2.2　河水的 δD 和 $\delta^{18}O$ 值变化特征

河水作为水循环中的重要环节,是不同水体之间相互转化的纽带,研究干旱区河水同位素,对于认识同位素水文循环至关重要。因此,加强对河水同位素的研究,不仅有利于认识水循环过程,而且能够为水资源的合理利用提供科学依据。

榆树沟流域春洪期、夏季洪水期河水中同位素值的日变化幅度不大(见图 5.8),δD 的变化范围分别为$-113.82‰\sim-98.37‰$,$-79.14‰\sim-70.59‰$,变化幅度分别为 15.45‰ 和 4.59‰;$\delta^{18}O$ 含量变化范围分别为$-16‰\sim-14.3‰$和$-12.23‰\sim-10.7‰$,变化幅度分别为 1.7‰ 和 1.53‰。春洪期变化幅度较夏季洪水期大。这主要是受不同补给来源的影响,在春洪期河水的主要补给来源是融雪水,夏季洪水期河水的补给主要靠冰川融水和地下水,一般来讲,受地下水补给为主的河流 δD 和 $\delta^{18}O$ 值相对稳定,而地下水的 δD 和 $\delta^{18}O$ 值在每个采样时间内都较稳定,因此各采样期间内河水的同位素值也相对较稳定。在夏季

———————————————

① 标准平均海水比值,实验仪器测量单位。

洪水期,河水的 δD 和 $\delta^{18}O$ 含量较稳定,而大气降水中同位素值的波动较大,表明该时间段内河水除受降水来源补给外,受其他水源补给的比例较大,可能受到地下水和冰川融水的影响,使得河水受降水中 δD 和 $\delta^{18}O$ 变化的影响较小。由图 5.8 可以看出在两个采样期间,河水中 δD 和 $\delta^{18}O$ 随时间的变化较明显,夏季洪水期平均值较大,春洪期平均值较小,与大气降水中 δD 和 $\delta^{18}O$ 与温度呈较好的正相关关系变化趋势相同,即在采样期间流域内河水中 δD 和 $\delta^{18}O$ 也表现出一定的"温度效应"。此外,由于夏季的气温较高,蒸发作用强烈,河水中 δD 和 $\delta^{18}O$ 相对富集。

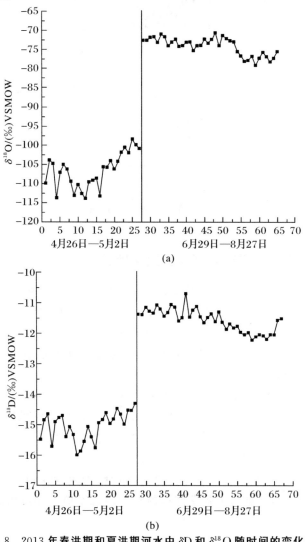

图 5.8　2013 年春洪期和夏洪期河水中 δD 和 $\delta^{18}O$ 随时间的变化过程

5.2.3　各水体同位素之间的关系

图 5.9 所示为榆树沟流域春洪期各水体中 $\delta^{18}O$ 和 δD 与 GMWL 的关系。除一个河水样品外,其他所有的样品数据均位于 GMWL 之上。河水的 $\delta^{18}O$ 和 δD 位于地下水和雪融水之间。河水与两种组分的距离,可以近似地反映去混合比例。如图 5.9 所示,河水与雪融水的氢氧稳定同位素值的分布点相距较近,说明春洪期雪融水对河水的影响较大。榆树沟流域位于山区,地下水可直接补给河水,在春洪期积雪融水未出流前,河水主要受地下水补给,所以河水氢氧同位素与地下水的氢氧同位素较接近。而在积雪融水大量补给河水的情况下,地下水对河水的补给比例有所减小,相应地河水的氢氧同位素较贫化,于是河水的分布点向积雪融水的分布一侧倾斜。

从图 5.9 所示的雪融水、地下水和河水的 $\delta^{18}O$ - δD 关系线与降水线的关系可以看出,地下水氢氧稳定同位素的拟合曲线的斜率明显小于地区降水线和全球降水线,表明地下水在夏季接受冰雪融水和降水补给的同时经历了较强烈的蒸发作用。榆树沟流域位于气候干旱区,强烈的蒸发效应导致 d 值越偏负。但是,该研究中的地下水的 d 值为 13.89‰,落在 GMWL 之上,反映出研究区地下水可能具有特殊的补给来源,这还有待于进一步的研究。雪融水和河水 $\delta^{18}O$ - δD 关系线都与 GMWL 很接近,说明二者受到蒸发作用的影响很小。

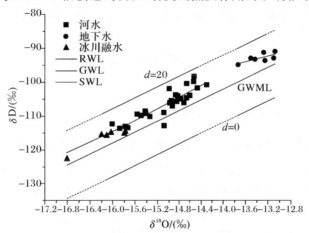

图 5.9　榆树沟流域春洪期各水体中 $\delta^{18}O$ 和 δD 与 GMWL 的关系

夏洪期,地下水、冰川融水和河水的 δD 和 $\delta^{18}O$ 都位于地区大气降水线以上,并且分布都相对集中(见图 5.10)。降水和冰川融水下渗形成地下水,所以地下水的同位素值位于降水和冰川融水之间。河水 δD 和 $\delta^{18}O$ 的变化幅度很小,但是比地下水和冰川融水较富集,这表明河水除地下水和冰川融水外还有其他的补给来源。降水同位素值是最富集的,冰川融水的同位素值最小,河水正好处于冰川融水、地下水和降水之间。因此,河水是由地下水、冰川融水和降水组成的。降水的氢氧稳定同位素分布点离河水最远,这体现了夏洪期河水受降水的补给最少。地下水的同位素值和 Cl^- 与附近的河水相似,这表明地下水没有经历蒸发过程。地下水氢氧同位素与河水存在重叠现象,这充分体现了地下水与河水具有密切的水力联系。

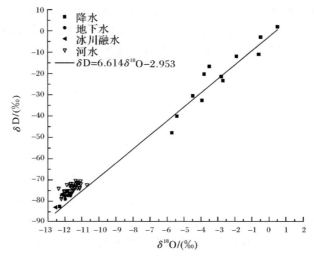

图 5.10　榆树沟流域夏洪期各水体中 $\delta^{18}O$ 和 δD 与 LMWL 的关系分布

5.3　地表径流的径流分割

5.3.1　径流分割的基本原理

根据产流机制对河水的补给水源进行划分。榆树沟流域春洪期,河水的补给水源有积雪融水和地下水,利用二元混合模型对径流进行分割;夏洪期,河水的补给水源有冰川融水、地下水和降水,利用三元混合模型对径流进行分割。

根据质量平衡方程和浓度平衡方程,二水源模型公式为

$$Q_t \times C_t = Q_s \times C_s + Q_g \times C_g \tag{5.1}$$

$$Q_s + Q_g = Q_t \tag{5.2}$$

式中:Q 表示河水、地下水、融雪水的流量;C_t、C_g、C_s 分别是河水、地下水、融雪水的 $\delta^{18}O$。

通过式(5.1)和式(5.2),可以得出:

$$f_s = \frac{Q_s}{Q_t} \times 100\% = \frac{C_t - C_g}{C_s - C_g} \times 100\% \qquad (5.3)$$

$$f_g = \frac{Q_g}{Q_t} \times 100\% = \frac{C_t - C_s}{C_g - C_s} \times 100\% \qquad (5.4)$$

式中：f_s 和 f_g 分别代表雪融水和地下水对河水的贡献率。

不同水体的氢氧同位素特征差异明显，且不同水源的混合对氢氧同位素的影响不明显，因此，可以用氢氧同位素示踪径流组分。Cl^- 因有保守示踪的特点，也可以用来辅助 ^{18}O 进行径流分割，于是本书选取示踪剂 Cl^- 和 ^{18}O 作为互补剂，对河水径流进行三水源径流分割，求得不同水源流量在总径流中所占的比例。具体模式如下：

三水源径流分割方程为

$$Q_t = Q_p + Q_s + Q_g \qquad (5.5)$$

$$\delta_t Q_t = \delta_p Q_p + \delta_s Q_s + \delta_g Q_g \qquad (5.6)$$

$$C_t Q_t = C_p Q_p + C_s Q_s + C_g Q_g \qquad (5.7)$$

式中：Q 为径流流量；δ 为水体的 ^{18}O 同位素千分偏差值；C 为三水源径流分割中的 Cl^- 浓度；C_t、δ_t 分别为河流 Cl^- 浓度与 ^{18}O 同位素的值；C_g、δ_g 分别为冰川融水 Cl^- 浓度与 ^{18}O 同位素的值；C_p、δ_p 分别为降水 Cl^- 浓度与 ^{18}O 同位素的值；C_s、δ_s 分别为地下水 Cl^- 浓度与 ^{18}O 同位素的值。

根据式(5.5)～式(5.7)可以计算出各水源对河水的贡献率：

$$f_p = \frac{\delta_t C_s - \delta_t C_g + \delta_s C_g - \delta_s C_t + \delta_g C_t - \delta_g C_s}{\delta_p C_s - \delta_p C_g + \delta_s C_g - \delta_s C_p + \delta_g C_p - \delta_g C_s} \qquad (5.8)$$

$$f_s = \frac{\delta_t C_g - \delta_t C_p + \delta_p C_t - \delta_p C_g + \delta_g C_p - \delta_g C_t}{\delta_p C_s - \delta_p C_g + \delta_s C_g - \delta_s C_p + \delta_g C_p - \delta_g C_s} \qquad (5.9)$$

$$f_g = \frac{\delta_t C_p - \delta_t C_s + \delta_p C_s - \delta_p C_t + \delta_s C_t - \delta_s C_p}{\delta_p C_s - \delta_p C_g + \delta_s C_g - \delta_s C_p + \delta_g C_p - \delta_g C_s} \qquad (5.10)$$

式中：f_p、f_s、f_g 分别为降水、地下水和冰川融水对河水的贡献率。

运用以上公式进行径流分割，需要建立在以下几个假设的基础上：①各径流组分的示踪剂浓度差异较大；②各水源的示踪剂浓度时空均一，或其变化能够表征；③地表蓄水对河流流量的影响可以忽略，或其示踪剂含量与地下水相同；④各组分的示踪剂含量恒定不变；⑤各组分的示踪剂浓度值之间是非线性的。

5.3.2　径流分割模型的条件判断

春洪期，根据图 5.9 可知，河水的氢氧稳定同位素值位于地下水和雪融水之间，而且各组分的同位素值的差异较大，符合二水源分割模型的基本条件。

　　进行同位素三水源径流分割,必须对模型所需的条件进行讨论,只有在满足分割模型的假设条件的基础上,才能合理地对径流进行分割。

　　榆树沟流域径流夏洪期不同水体氢氧同位素差异较大,且氢氧同位素大体分布于大气降水线的附近,表明其受到不平衡蒸发分馏的影响小。其中冰川融水位于最左端,河水位居中间,而降水分布于最右上端,冰川融水氢氧同位素最为亏损。从空间的分布来看,河水氢氧同位素介于大气降水、地下水和冰川融水之间,水源的补给明显,即河水是由这 3 种水源补给所得。因此,对夏洪期的河水进行三水源径流分割是合理的。

　　由以上的论述可以知道,在夏洪期,河水补给源可以划分为三源,但在添加 Cl^- 之后,可能由于不同示踪剂之间的线性关系等导致径流分割的不可行。因此,有必要对 Cl^- 与 $\delta^{18}O$ 对径流分割的条件进一步分析判断,讨论 Cl^- 与 $\delta^{18}O$ 在榆树沟流域进行三水源径流分割的可行性。以 Cl^- 含量为横坐标,以 $\delta^{18}O$ 为纵坐标,作榆树沟流域河水、地下水、冰川融水和降水的 $Cl^- - \delta^{18}O$ 关系,如图5.11所示,其中地下水、冰川融水和降水代表平均值,连接冰川融水的平均值点及地下水和降水,以 3 个水源的示踪剂值为顶点构成封闭的三角形。

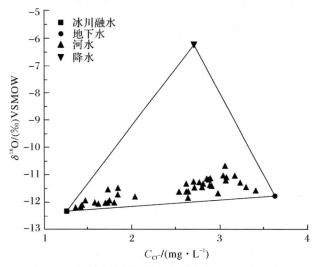

图 5.11　榆树沟流域夏洪期各水体的 $Cl^- - \delta^{18}O$ 关系

　　大气降水位于最上端,冰川融水位于左下端,地下水位于右下端,河水基本被围困在三角形区域内,并且河水与三角形的三边分离清晰,毫无接触,即河水是三水源混合的结果,进行榆树沟流域河水三水源径流分割是可行的,因此将 Cl^- 和 $\delta^{18}O$ 作为示踪剂,可以将河水分为冰川融水、大气降水和地下水,与前文的分析一致,符合三水源径流分割的要求。

5.3.3　径流分割结果

在日周期内,水位最高时雪融水对河水的贡献率为 $51.7\%\sim96.1\%$,而地下水所占的比例为 $3.9\%\sim48.1\%$;水位最低时雪融水对河水的贡献率为 $36.7\%\sim63.3\%$,地下水所占的比例为 $36.7\%\sim63.3\%$,见表 5.2。雪融水比例增大,地下水的比例就必须减小,雪融水与地下水的比例呈现此消彼长的变化,这种变化一直贯穿于径流分割的始末。各组分比例的日周期变化是因为雪融水的注入引起了河水同位素值的变化。总体而言,榆树沟流域春洪期河水有 63% 来自雪融水,37% 来自地下水,雪融水是河水的主要补给来源。

表 5.2　榆树沟流域春洪期各组分对河水的补给比例

采样日期	雪融水/(%)		地下水/(%)	
	最高水位	最低水位	最高水位	最低水位
2013.4.26	87.0	51.8	13.0	48.2
2013.4.27	76.7	54.3	23.4	45.7
2013.4.28	96.1	63.3	3.9	36.7
2013.4.29	86.9	60.0	13.1	40.0
2013.4.30	51.9	36.7	48.1	63.3
2013.5.1	51.7	38.6	48.3	61.4
2013.5.2	60.5	36.7	39.5	63.3
平均补给率/(%)	62.8		37.2	

从表 5.3 得知,夏季洪水期地下水占河水比例的 37.6%,降水在河水中所占的比例为 7.5%,冰川融水占河水的比例为 54.9%,由此可见,河水中冰川融水所占比例最大,地下水次之,降水占的比例最小。这表明,夏洪期河水的主要补给来源是冰川融水,受降水的影响很小。

表 5.3　榆树沟流域夏洪期各组分对河水的补给比例

水体类型	$\delta^{18}O$	$C_{Cl^-}/(mg \cdot L^{-1})$	混合比例/(%)
地下水	-11.78	3.63	37.6
降水	-6.23	2.71	7.5
冰川融水	-12.34	1.26	54.9
河水	-11.67	2.26	

5.3.4 径流分割的不确定

5.3.4.1 二元分割模型的不确定性

同位素径流分割结果的不确定性评价与分割结果同样重要。经典高斯误差传播技术可以应用于研究径流分割结果的不确定性。基于误差传播理论,运用一级泰勒级数展开的方法对径流分割模型的不确定性进行估算。目标函数 z 和各变量之间的不确定性可以通过下式计算:

$$W_z = \sqrt{\left(\frac{\partial z}{\partial c_1}W_{c_1}\right)^2 + \left(\frac{\partial z}{\partial c_2}W_{c_2}\right)^2 + \cdots + \left(\frac{\partial z}{\partial c_n}W_{c_n}\right)^2} \tag{5.11}$$

式中:W 代表下标所指变量的不确定性;$\frac{\partial z}{\partial c}$ 为函数中对每个变量的偏导数;C 为函数中的变量;参数 z 是变量 $c_1, c_2, \cdots, c_n [z = f(c_1, c_2, \cdots, c_n)]$ 的函数,其中每个变量的不确定性是相互独立的。

将式(5.3)代入式(5.11)得

$$W_{f_s} = \sqrt{\left[\frac{C_t - C_g}{(C_s - C_g)^2}W_{c_s}\right]^2 + \left[\frac{C_t - C_s}{(C_s - C_g)^2}W_{c_g}\right]^2 + \cdots + \left(\frac{-1}{C_s - C_g}W_{c_t}\right)^2} \tag{5.12}$$

式中:W_{f_s} 代表分割模型的总不确定性,W_{c_s}、W_{c_g}、W_{c_t} 分别代表 C_s、C_g、C_t 的不确定性。

将式(5.4)代入式(5.11)可以得到相似的结果,因为式(5.3)中每个变量的不确定性的偏导数是相应的式(5.4)中的倒数。

从式(5.12)可见,径流分割中两个组分的浓度值差异很关键。而且,f_s 的不确定性对于 C_t 的不确定性最敏感。

计算径流分割的不确定性需要示踪剂的浓度值,并且要对各组分中示踪剂浓度的不确定性进行估算。补给河水的不同组分的的不确定性估算可能来自实验室测量误差。此外,示踪剂的时空变化也是导致径流分割时出现不确定性的主要因素。至于本研究中的径流分割,各水体 $\delta^{18}O$ 随时间变化的不确定性需要计算。河水和地下水的各样品在同一个地点采集,雪融水采集于两个地点。因此,估算各组分的 W 值时,需要考虑 $\delta^{18}O$ 的时空异质性。示踪剂浓度的标准差乘以 t 分布的 t 值估算出 70% 信度上的示踪剂浓度变化率(U_v)。通过计算实验室测量 C_m、C_p 和 C_t 的不确定性得到实验室分析误差的不确定性。$\delta^{18}O$ 含量测量方法的精度为 0.2‰,本书运用该精度的 2 倍(0.4‰)来计算,基于标准偏差的估算和 $\delta^{18}O$ 在各组分中的浓度值,对实验室分析误差的不确定性(U_m)引起的径流分割模型的不确定进行估算。表 5.4 和表 5.5 为不确定性的分析结果。

不确定性结果表明,测试方法导致的不确定性(±0.03)远小于示踪剂浓度本身的时空变化产生的误差(±0.21)。雪融水和河水的不确定性对总体不确定性的影响较大。本研究中,各组分的示踪剂浓度值的差异远大于不确定性值,因此,对榆树沟流域春洪期河水进行径流分割是合理的。

表 5.4　榆树沟流域春洪期各组分中^{18}O 浓度值及其不确定性参数

水体类型	Mean[①]	σ[②]	n[③]	$t/70\%$[④]	$W/70\%$[⑤]
雪融水	−16.11	0.38	6	1.156	0.44
地下水	−13.34	0.24	7	1.134	0.27
河水	−15.08	0.46	27	1.058	0.49

注:①——δ^{18}O 的平均浓度;②——各样品示踪剂浓度的标准偏差;③——用于计算不确定性的样品数量;④—— t 分布中 70%信度上的 t 值;⑤——各样品的不确定性值,示踪剂浓度的标准差乘以 t 分布的 t 值估算出 70%信度上的示踪剂浓度变化率。

表 5.5　榆树沟流域春洪期径流分割和不确定性分析结果

混合比例/(%)		不确定性	
雪融水	地下水	U_v	U_m
62.8	37.2	±0.21	±0.03

5.3.4.2　三元分割模型的不确定性

表 5.6 中的示踪剂的浓度和不确定性可用于估算式(5.8)～式(5.10)中的各组分(f_g、f_s、f_p)的不确定性。

表 5.6　榆树沟流域夏洪期各组分中^{18}O 浓度值及其不确定性参数

水体类型	示踪剂[①]	Mean[②]	σ[③]	n[④]	$t/70\%$[⑤]	$W/70\%$[⑥]
冰川融水	δ_g	−12.34	0.28	2	1.963	0.55
	Cl_g^-	1.26	0.26	2	1.963	0.51
地下水	δ_s	−11.78	0.14	6	1.156	0.16
	Cl_s^-	3.63	0.30	6	1.156	0.35
降水	δ_p	−6.23	3.23	13	1.083	3.50
	Cl_p^-	2.71	5.19	13	1.083	5.62
河水	δ_t	−11.67	0.37	40	1.050	0.39
	Cl_t^-	2.26	0.63	40	1.050	0.66

注:①——示踪剂类型;②——示踪剂浓度;③——各样品示踪剂浓度的标准偏差;④——用于计算不确定性的样品数量;⑤—— t 分布中 70%信度上的 t 值;⑥——各样品的不确定性值,示踪剂浓度的标准差乘以 t 分布的 t 值估算出 70%信度上的示踪剂浓度变

化率。

另外,式(5.11)的右边个体项可以定量估算 8 个示踪剂浓度值的不确定性对总不确定的影响程度。Cl_t^- 浓度(河水的 Cl^- 浓度)的不确定性在 f_g 和 f_s 的不确定性中分别占 60.64% 和 60.00%,但是,其在 f_p 的不确定性中所占比例很小,仅为 6.82%(见表 5.7)。Cl_t^- 浓度的不确定性值较小(0.66,见表 5.7),其在 f_g 和 f_s 不确定性中有很大的重要性,这是因为 $\partial f_g/\partial Cl^-_t$ 和 $\partial f_s/\partial Cl^-_t$ 比其他几个示踪剂大很多。δ_t 的不确定性对 f_p 的重要性要大于其对 f_g 和 f_s 的重要性。f_p 的不确定性有大约 50% 受制于 δ_g 和 δ_p 的浓度值,另一部分主要受制于 δ_t 的不确定性(在 8 个示踪剂浓度值中占第三位)。Cl_p^- 的不确定性对 f_p 的不确定性影响小于其对 f_g 和 f_s 的影响。虽然 Cl_p^- 的不确定值在 8 个示踪剂浓度中最大,但是其对 f_p、f_g 和 f_s 的不确定性影响却很小,尤其是对 f_p。δ_s 的不确定值在 8 个示踪剂浓度中最小,而且其对 f_p、f_g 和 f_s 的不确定性影响也很小。

表 5.7　榆树沟流域夏洪期各组分的不确定性值

示踪剂[①]	W/70%[②]	f_x 的不确定性影响度/(%)[③]		
		f_g	f_s	f_p
δ_g	0.55	0.34	0.69	25.23
Cl_g^-	0.51	10.90	10.83	1.21
δ_s	0.16	0.02	0.03	0.93
Cl_s^-	0.35	2.45	2.41	0.28
δ_p	3.50	0.25	0.54	19.63
Cl_p^-	5.62	24.83	24.59	2.8
δ_t	0.39	0.59	1.17	42.99
Cl_t^-	0.66	60.64	60.00	6.82

注:①——示踪剂类型;②——各样品的不确定性值,示踪剂浓度的标准差乘以 t 分布的 t 值估算出 70% 信度上的示踪剂浓度变化率;③——右三列各组分的误差估算。

表 5.8 为 f_g、f_s 和 f_p 的不确定性和其对河水的混合比例。测量方法导致的不确定性(± 0.20,± 0.22,± 0.09)小于示踪剂浓度本身的时空变化产生的误差(± 0.34,± 0.38,± 0.10)。冰川融水和地下水的不确定性大于降水的不确定性。本研究中,各组分的示踪剂浓度值的差异远大于不确定性值,因此,对榆树

沟流域夏洪期河水进行三水源径流分割是合理的。

表 5.8　榆树沟流域夏洪期径流分割和不确定性分析结果

水体类型	混合比例/(%)	误差	
		U_v	U_m
冰川融水	54.9	±0.34	±0.20
地下水	37.6	±0.38	±0.22
降水	7.5	±0.10	±0.09

注:U_v 为示踪剂浓度的时空变化产生的误差值。

5.4　本章小结

(1)榆树沟流域春夏季大气降水同位素值有较大的变化幅度:δ^{18}O 变化范围为 $-14.65‰\sim5.74‰$,δD 变化范围为 $-96.2‰\sim44.23‰$,变化幅度较大。

(2)榆树沟流域大气降水线截距和斜率都偏低,尤其是截距偏低很多。斜率小于 8 ,这是该地区干燥的气候以及降水的水汽来源有其特殊性的综合结果。

(3)榆树沟流域降水中同位素值存在一定的温度效应,降水中氢氧同位素变化的降水量效应不明显,大气降水的温度效应大于雨量效应。

(4)水汽来源的后向轨迹显示研究时段内研究区域水汽来源主要受平稳的西风环流控制,只有在春季偶尔有极地水汽的作用。

(5)春洪期地下水的 δ^{18}O 和 δD 平均值分别为 $-13.34‰$ 和 $-92.83‰$,变化范围分别为 $-13.08‰\sim-13.74‰$、$-90.95‰\sim-94.88‰$,变化幅度很小。相对稳定的同位素值表明地下水的补给源环境相对稳定。δ^{18}O 和 δD 分布在地区大气降水线和全球大气降水线之间,而且其 d 值为 13.81‰,说明春洪期地下水没有经历强烈的蒸发作用。夏洪期地下水的 δD 和 δ^{18}O 值的变化范围分别为 $79.47‰\sim-75.8‰$,$-11.98‰\sim-11.6‰$,平均值分别为 $-77.36‰$ 和 $-11.78‰$。夏洪期地下水的同位素值分布位于大气降水线的右上方,可能的原因是水源在补给地下水时受到一定程度的蒸发分馏作用,其氢氧同位素较富集。蒸发作用越强烈 d 值越偏负,但实际上夏洪期的 d 值却高于春洪期,分别为 16.21‰ 和 16.86‰,反映了该流域地下水在夏洪期可能具有特殊的补给来源,这还有待于进一步的研究。

(6)榆树沟流域春洪期、夏洪期河水中同位素值的日变化幅度不大,δD 的变化范围分别为 $-113.82‰\sim-98.37‰$ 和 $-79.14‰\sim-70.59‰$;δ^{18}O 含量变

化范围分别为 $-16‰\sim-14.3‰$ 和 $-12.23‰\sim-10.7‰$。在夏洪期河水除受降水来源补给外,受其他水源补给比例比较大,可能受到地下水和冰川融水的影响,使得河水受降水中 δD 和 $\delta^{18}O$ 变化的影响较小。两个采样期间河水中 δD 和 $\delta^{18}O$ 随时间的变化较明显,夏洪期平均值较大,春洪期平均值较小。

(7)河水与雪融水的氢氧稳定同位素值的分布点相距较近,说明春洪期雪融水对河水的影响较大。地下水在夏季接受冰雪融水和降水补给的同时经历了较强烈的蒸发,雪融水和河水受蒸发作用的影响很小。夏洪期,地下水、冰川融水和河水的 δD 和 $\delta^{18}O$ 都位于地区大气降水线以上。河水正好处于冰川融水、地下水和降水之间,因此,河水是由地下水、冰川融水和降水组成的。降水的氢氧稳定同位素分布点离河水最远,这体现了夏洪期河水受降水的补给最少。地下水氢氧同位素与河水存在重叠现象,这充分体现了地下水与河水具有密切的水力联系。

(8)春洪期,在日周期内,水位最高时雪融水对河水的贡献率为 51.7% ~ 96.1%,而地下水所占的比例为 3.9% ~ 48.1%;水位最低时雪融水对河水的贡献率为 36.7% ~ 63.3%,地下水所占的比例为 36.7% ~ 63.3%。雪融水与地下水的比例呈现此消彼长的变化,这是由于雪融水的注入引起了河水同位素值的变化。总体而言,榆树沟流域春洪期河水有 63% 来自雪融水,37% 来自地下水,雪融水是河水的补给主要来源。夏季洪水期地下水占河水比例的 37.6%,降水在河水中所占的比例为 7.5%,冰川融水占河水的比例为 54.9%,夏洪期河水的主要补给来源是冰川融水,其次是地下水,受降水的影响很小。

第6章 结论与展望

6.1 主 要 结 论

(1)榆树沟流域春洪期和夏洪期河水样品的 pH 分别为 8.04 和 7.66,均呈弱碱性;春洪期河水 TDS 含量高于夏洪期,但低于 100 mg·L^{-1},属于弱矿化度水。HCO_3^-、Ca^{2+}是浓度最高的阴、阳离子,阴、阳离子质量浓度序列为:HCO_3^-> SOO_4^{2-}>Cl^->NO_3^-,Ca^{2+}> Na^+> Mg^{2+}>K^+,分析结果表明,这主要是由于榆树沟的岩性的影响。河水主要离子类型均为 HCO_3^-—Ca^{2+}。

(2)受河流比降和流速的影响,离子日平均值的日间变化与日径流量的变化总体呈相反的关系。春洪期即时径流量对径流中主要离子组成、TDS、EC、pH值的调节作用不大。而夏洪期河流物质质量浓度在一定程度上受水量的稀释作用控制,这反映了该时期河流水化学受到流域内岩石岩性和土壤以及洪水量的共同调节作用。

(3)结合 Gibbs 图、Piper 三角图和离子间相关关系,表明径流中离子主要来源于石灰岩等碳酸盐岩的风化,而不是硅酸盐岩的风化。Na^+和 K^+的来源具有一致性,且 Na^+的浓度更高,这可能与榆树沟流域花岗岩更偏重钠长石有关。水体阴离子中 SO_4^{2-} 和 NO_3^- 含量都较少,且二者的相关性很高,表明受农业和工业污染较小,二者具有共源性。Cl^- 主要来自于 NaCl 和 $MgCl_2$ 等岩盐的风化。

(4)河水中 $C_{(Ca^{2+}+Mg^{2+})}/C_{(HCO_3^-+SO_4^{2-})}≈1$,表明流域碳酸盐岩的风化的同时有 H_2SO_4 的参与。Na^+/Cl^- 比值大于1,且 Na^+/Cl^- 呈现出不成比例的增大,表明该流域径流水化学组分受到强烈的水岩相互作用的影响,矿物溶解包括

NaCl 和钠长石等含钠矿物的溶解。春洪期和夏洪期河水的 Mg^{2+}/Ca^{2+}、Na^+/Ca^{2+} 的比值均小于1,说明该流域的岩石风化作用主要以方解石矿物的溶解作用为主。

(5)榆树沟流域春洪期和夏洪期地下水的 pH 值、盐度、TDS 和电导率均大于同时期的相应地表径流值,表明地下水在流动过程中发生了更强烈的水岩作用。阳离子质量浓度序列为 $Ca^{2+} > Na^+ > Mg^{2+} > K^+$,阴离子质量浓度序列为 $HCO_3^- > SO_4^{2-} > Cl^- > NO_3^-$;该流域地下水主要离子类型为 $HCO_3^- - Ca^{2+}$。TDS 含量分别 104.33 mg·L^{-1} 和 99 mg·L^{-1},在 500 mg·L^{-1} 以下,这说明该流域河水的淡水矿化度较低,属于弱矿化度水,是优良的饮用水源。

(6)研究表明,春洪期和夏洪期地下水中离子组成主要受岩石风化作用的影响。春洪期地下水中 Cl^-、SO_4^{2-}、NO_3^-、Ca^{2+}、Mg^{2+} 和 Na^+ 与对应的 TDS 值的相关性非常高,表明该时期地下水的矿化度主要受这 6 种离子的控制。各离子间都有很好相关性,表明其来源具有一致性。夏洪期,pH 值与 Mg^{2+}、K^+ 和 TDS 均呈现出负相关,且 Mg^{2+}、K^+ 与其他离子的相关性都较差,而其他离子的相关性都较好,说明 Mg^{2+}、K^+ 有其独特的来源,并且镁盐和钾盐的溶解浓度对该时期地下水的 pH 值有一定的影响。

(7)春洪期和夏洪期地下水中的 Na^+ 和 Cl^- 浓度关系,表明地下水补给来源单一和有强烈的蒸发作用,且矿物溶解不只有 NaCl 的溶解,少量的硅酸盐岩的风化以及钠长石和 $MgCl_2$ 等矿化物的溶解影响了地下水中的 Na^+/Cl^- 的平衡。K^+/Na^+ 的平均值为 0.19,也说明该流域钠长石对离子的贡献大于钾长石。在春洪期,$(Ca^{2+} + Mg^{2+}) - (HCO_3^- + SO_4^{2-})$ 与 $(Na^+ + K^+ - Cl^-)$ 的关系不显著,表明榆树沟流域春洪期地下水的阳离子交换不显著;而在夏洪期,两者的相关关系非常显著,表明榆树沟流域夏洪期地下水的阳离子交换频繁。$(Ca^{2+} + Mg^{2+})/(HCO_3^- + SO_4^{2-})$ 的值为 1 左右,表明流域碳酸盐岩的风化过程有 H_2SO_4 的参与。春洪期地下水的 $[Ca^{2+} + Mg^{2+}]/[HCO_3^-]$ 的当量比值为 1.12,说明该流域春洪期地下水的化学风化作用主要是 H_2CO_3 风化碳酸盐岩,伴有少量的 H_2SO_4 风化碳酸盐岩。夏洪期地下水的 $[Ca^{2+} + Mg^{2+}]/[HCO_3^-]$ 的当量比值为 0.96,稍小于 1,表明该时期流域主要以碳酸盐风化为主,并伴有极少量的硅酸盐岩溶解。

(8)春夏季大气降水的 pH 范围在 5.97～7.63 之间,且平均值为 6.86,呈弱酸性,远大于 5.6,说明本研究区降水在采样时段内未发生下酸雨的情况。阴、阳离子平均质量浓度从高到低分别是 $SO_4^{2-} > NO_3^- > Cl^- > F^-$ 和 $Ca^{2+} > NH_4^+$

$>Na^+>K^+>Mg^{2+}$。其中阳离子大小排列与地壳中的丰度顺序完全一致,表明大气降水中的离子浓度顺序主要受陆源物质控制。榆树沟流域春夏季大气降水中 SO_4^{2-}/NO_3^- 的比值为 2.51,表明 SO_4^{2-} 是该地降水中的主要致酸物质。Mg^{2+} 与 Na^+ 和 Cl^- 三者可能都来源于海盐。pH 值受 NO_3^- 和 Ca^{2+} 的影响而大于其他离子,但并不单依赖于某种离子成分,降水酸性是多种阴阳离子中和作用的共同结果。NH_4^+ 与 SO_4^{2-} 和 NO_3^- 三种离子在降水中的存在形式有一定的共性。

(9)榆树沟流域春夏季大气降水同位素值有较大的变化幅度:$\delta^{18}O$ 的变化范围为 $-14.65‰ \sim 5.74‰$,δD 的变化范围为 $-96.2‰ \sim 44.23‰$,变化幅度较大。

(10)榆树沟流域大气降水线截距和斜率都偏低,尤其是截距偏低很多。斜率小于 8,这是该地区干燥的气候以及降水的水汽来源有其特殊性的综合结果。榆树沟流域降水中同位素值存在一定的温度效应,降水中氢氧同位素变化的降水量效应不明显,大气降水的温度效应大于雨量效应。

(11)水汽来源的后向轨迹显示,研究时段内研究区域水汽来源主要受平稳的西风环流控制,只有在春季偶尔有极地水汽的作用。

(12)春洪期地下水的 $\delta^{18}O$ 和 δD 的平均值分别是 $-13.34‰$ 和 $-92.83‰$,变化幅度很小。相对稳定的同位素值表明地下水的补给源环境相对稳定。$\delta^{18}O$ 和 δD 分布在地区大气降水线和全球大气降水线之间,而且其 d 值为 13.81‰,说明春洪期地下水没有经历强烈的蒸发作用。夏洪期地下水的 δD 和 $\delta^{18}O$ 平均值分别为 $-77.36‰$ 和 $-11.78‰$。夏洪期地下水的同位素值分布于大气降水线的右上方,可能的原因是水源在补给地下水时受到一定程度的蒸发分馏作用,其氢氧同位素较富集。夏洪期的 d 值却高于春洪期,分别为 16.21‰ 和 16.86‰,这反映了该流域地下水在夏洪期可能具有特殊的补给来源。

(13)榆树沟流域春洪期、夏洪期河水中同位素值的日变化幅度不大,δD 的变化范围分别为 $-113.82‰ \sim -98.37‰$、$-79.14‰ \sim -70.59‰$,$\delta^{18}O$ 含量变化范围分别为 $-16‰ \sim -14.3‰$ 和 $-12.23‰ \sim -10.7‰$。在夏洪期河水除受降水来源补给外,还受到地下水和冰川融水的影响,使得河水受降水中 δD 和 $\delta^{18}O$ 变化的影响较小。两个采样期间河水中 δD 和 $\delta^{18}O$ 随时间的变化较明显,夏洪期平均值较大,春洪期平均值较小。

(14)河水与雪融水的氢氧稳定同位素值的分布点相距较近,说明春洪期雪融水对河水的影响较大。地下水在夏季接受冰雪融水和降水补给的同时受到较强烈的蒸发作用,雪融水和河水受到蒸发作用的影响很小。夏洪期,地下水、冰川融水和河水的δD和$\delta^{18}O$都位于地区大气降水线以上。河水正好处于冰川融水、地下水和降水之间,因此,河水是由地下水、冰川融水和降水组成的。降水的氢氧稳定同位素分布点离河水最远,这体现了夏洪期河水受降水的补给最少。地下水氢氧同位素与河水存在重叠现象,这充分体现了地下水与河水具有密切的水力联系。

(15)春洪期,雪融水与地下水的比例呈现此消彼长的变化,这是由于雪融水的注入引起了河水同位素值的变化。总体而言,榆树沟流域春洪期河水有63%来自雪融水,37%来自地下水,雪融水是河水的主要补给来源。夏洪期地下水占河水的比例为37.6%,降水在河水中所占的比例为7.5%,冰川融水占河水的比例为54.9%,夏洪期河水的主要补给来源是冰川融水,其次是地下水,受降水的影响很小。

6.2　展望与不足

本书通过对榆树沟山区流域的大气降水、冰川融水、季节性积雪融水和地表水以及地下水的水化学和同位素特征进行研究,认识了区域水化学的演化机制,揭示了各水体间的相互转化关系,定量评估了榆树沟流域高海拔冰雪资源对本区水资源的影响和贡献,对该流域水资源的可持续利用和生态环境建设具有现实意义,为以后该流域的水文水循环的进一步研究提供了数据支撑,但仍然存在一些不足之处,下一步的研究工作主要从以下几个方面开展和探讨:

(1)本研究的时间段较短,可以采取更长时间序列的样品进行研究,对流域各水体的水化学和同位素值的季节变化、影响因素进行研究,揭示其所指示的更深层次的环境意义。

(2)采样点较单一,应该沿河流增加采样点的分布,分析水化学和同位素值的空间异质性,进一步研究其所反映的水循环特征。

(3)利用同位素值进行地下水循环特征,揭示地下水的补给来源、地下水年龄、地下水的时空演化特征。

(4)增加关于冰川径流的相关研究,探讨影响离子通量的主要因素,对于认识冰雪化学的尺度效应、海拔效应等具有重要意义。

(5)仅凭本书的径流分割结果并不能完全代表该流域各补给源对径流的贡献,需要对地下水、冰川融水、降水和河水进行短期的连续观测,绘制流域流量过程线,与径流分割结果对比,进行验证。

(6)通过对自然降水过程、出流过程(包括表面径流、壤中流和深层地下水)、土壤水分动态变化和植物水分等样品的同位素值的测定,建立研究区水文过程的水循环模型和产流机制。

(7)结合同位素分析法和相关的气象资料,建立研究区的大气水循环模型,更深入、详细地说明其水汽来源,明确局地蒸发水汽和长距离输送水汽在整个降水水汽中所占的比例。

参考文献

[1] 陈亚宁,杨青,罗毅,等.西北干旱区水资源问题研究思考[J].干旱区地理,2012,35(1):1-9.

[2] WATSON R,ZINYOWERA M,MOSS R,et al. Impacts,adaptations and mitigation of climate change: scientific-technical analyses[M]//Cambridge: Cambridge University Press,1995: 248-249.

[3] 若孜汗·塔依尔,骆光晓.气候变暖对哈密地区河川径流的影响分析[J].水资源研究,2013,34(1): 25-29.

[4] MUSGROVE M,STERN L A,BANNER J L. 2010 Spring water geochemistry at Honey Creek State Natural Area,central Texas: implications for surface water and groundwater interaction in a karst aquifer [J]. Journal of Hydrology,2010,388:144-156.

[5] DINCER T,PAYNEB R,FLORKOWSKI T,et al. Snowmelt runoff from measurements of tritium and oxygen-18[J]. Water Resource Research,1970(6):110-124.

[6] SKLASH M G,FARVOLDEN R N,FRITZ P. A conceptual model of watershed response to rainfall developed through the use of oxygen18 as a natural tracer[J]. Journal of Earth Science,1976,13: 271-283.

[7] BUTTLE J M. Isotope hydrograph separations and rapid delivery of pre-event water from drainage basins[J]. Progress in Physical Geography,1994,18: 16-41.

[8] HOOPER R P,CHRISTOPHERSEN N,PETERS N E. Modelling streamwater chemistry as a mixture of soilwater end-members-an application to the pan-

ola mountain catchment, Georgia, USA[J]. Journal of Hydrology, 1990, 116:321 - 343.

[9] HINTON M J, SCHIFF S L, ENGLISH M C. Examining the contribution of glacial till water to storm runoff using two and three-component hydrograph separations[J]. Water Resouece Research, 1994, 30:983 - 993.

[10] HOEG S, UHLENBROOK S, LEIBUNDGUT C H. Hydrograph separation in a mountainous catchment-combining hydrochemical and isotopic tracers[J]. Hydrological Processes, 2000, 14:1199 - 1216.

[11] LAUDON H, HEMOND H F, KROUSE R, et al. Oxygen 18 fractionation during snowmelt: implications for spring flood hydrograph separation[J]. Water Resource Research, 2002, 38(11):40.

[12] 刘凤景, MARK M, 程国栋, 等. 天山乌鲁木齐河融雪和河川径流的水文化学过程[J]. 冰川冻土, 1999, 21(3):213 - 219.

[13] 顾慰祖, 谢民. 同位素示踪划分藤桥流域流量过程线的试验研究[J]. 水文, 1997(1):29 - 32.

[14] 瞿思敏, 包为民, 石朋, 等. 同位素流量过程线分割研究进展与展望[J]. 水电能源科学 2006, 24(1):80 - 83.

[15] 吕玉香, 胡伟, 罗顺清, 等. 流量过程线划分的同位素和水文化学方法研究进展[J]. 水文, 2010, 30(1):7 - 13.

[16] 孔彦龙, 庞忠和. 高寒流域同位素径流分割研究进展[J]. 冰川冻土, 2010, 32(3):619 - 626.

[17] 蒲焘, 何元庆, 朱国锋, 等. 丽江盆地地表-地下水的水化学特征及其控制因素[J]. 环境科学, 2012, 33(1):48 - 54.

[18] BURNS D A. Storm flow hydrographseparation based on isotopes: the thrill is gone what's next?[J]. Hydrological Process, 2002, 16:1515 - 1517.

[19] BERNER E K, BERNER R A. The global water cycle: geochemistry and environment[M]. New Jersey: Prentice-Hall, 1987.

[20] ROY B, GAILLARDET J, ALLEGRE C J. Geochemistry of dissolved and suspended loads of the seine river, France: anthropogenic impact, carbonate and silicate weathering[J]. Geochimicaet Ceochimica Acta, 1999, 63:1277 - 1292.

[21] MEYBECK M. Global chemical-weathering of surficial rocks estimated from river dissolved loads[J]. American Journal of Science, 1987, 287(5):

401 - 428.

[22] ZHANG L C,DONG W J. Geochemical characteristics of the river system in east China[J]. Geographical Research,1990,9(2):67 - 75.

[23] 陈静生,夏星辉.我国河流水化学研究进展[J].地理科学,1999,19(4):290 -294.

[24] MOLOTCH N P,MEIXNER T,WILLIAMS M W. Estimating stream chemistry during the snowmelt pulse using a spatially distributed,coupled snowmelt and hydrochemical modeling approach[J]. Water Resources Research,2008,44(11):20 - 32.

[25] HOOPER R P,SHOEMAKER C A. A comparison of chemical and isotopic hydrograph separation[J]. Water Resources Research,1986,22(10):1444 - 1454.

[26] OBRADOVIC M M,SKLASH M G. An isotopic and geochemical study of snowmelt runoff in a small arctic watershed[J]. Hydrological Processes,1986,1:15 - 30.

[27] HEPPELL C M,CHAPMAN A S. Analysis of a two-component hydrograph separation model to predict herbicide runoff in drained soils[J]. Agricultural Water Management,2006,79(2):177 - 207.

[28] 骆光晓,艾力,祁先明,等.榆树沟流域水文特征[J].新疆气象,2002,25(5):19 - 20.

[29] 蔡云标.哈密市榆树沟流域地表水天然水化学特征分析[J].新疆水利,2012(5):9 - 11.

[30] 张洪艳,刘虹.新疆榆树沟流域水文水资源分析[J].黑龙江水利科技,2011,39(5):8 - 9.

[31] 马雪娟,骆光晓.气候变化对榆树沟流域径流的影响分析[J].中国水运,2009,9(10):190 - 193.

[32] 温小虎,仵彦卿,常娟,等.黑河流域水化学空间分异特征分析[J].干旱区研究,2004,21(1):1 - 6.

[33] 余秋生,张发旺,韩占涛,等.地球化学模拟在南北古脊梁岩溶裂隙水系统划分中的应[J].地球学报,2005,26(4):375 - 380.

[34] 孙媛媛,季宏兵,罗健美,等.赣南小流域的水文地球化学特征和主要风化过程[J].环境化学,2006,25(5):550 - 557.

[35] 王亚军,王岚,许春雪,等.长江水系水文地球化学特征及主要离子的化学成因[J].地质通报,2010,29(2/3):446 - 456.

[36] 夏星辉,陈静生,蔡绪贻.应用 MAGIC 模型分析长江支流沱江主要离子含量的变化趋势[J].环境科学学报,1999,19(3):246 - 251.

[37] 叶宏萌,袁旭音,葛敏霞,等.太湖北部流域水化学特征及其控制因素[J].生态环境学报,2010,19(1):23 - 27.

[38] FRUMKIN A,FISCHHENDLER I. Morphometry and distribution of isolated caves as a guide for phreatic and confined pale hydrological conditions[J]. Geomorphology,2005,67:457 - 471.

[39] MARKICH S J,BROWN P L. Relative importance of natural and anthropogenic influences on the fresh surface water chemistry of the Hawkesbury-nepean river,south-eastern Australia[J]. Sci Total Environ,1998,217(3):201 - 230.

[40] 刘丛强.生物地球化学过程与地表物质循环[M].北京:科学出版社,2007.

[41] 乐嘉祥,王德春.中国河流水化学特征[J].地理学报,1963,129(1):2 - 11.

[42] 刘培桐,王华东,潘宝林,等.岱海盆地的水文化学地理[J].地理学报,1965,31(1):36 - 61.

[43] HU M H. Major ion chemistry of some large Chinese rivers[J]. Nature,1985,298:550 - 553.

[44] HU M H,STALLARD R F,Edmond J M. Major ion chemistry of some large Chinese rivers[J]. Nature,1982,298:550 - 553.

[45] 许越先.中国入海离子径流量的初步估算及影响因素分析[J].地理科学,1984,4(3):213 - 217.

[46] 张立成,董文江.我国东部河水的化学地理特征[J].地理研究,1990,14(4):306 - 314.

[47] 陈静生,李远辉,乐嘉祥,等.我国河流的物理与化学侵蚀作用[J].科学通报,1984(15):932 - 936.

[48] 朱启疆,汪家兴.滹沱河和滏阳河水文化学特点的对比研究[J].北京师范大学学报(自然科学版),1963(3):89 - 108.

[49] 张群英,林峰,李迅,等.中国东南沿海地区河流中的主要化学成分及其入海通量[J].海洋学报,1985,7(5):561 - 566.

[50] 陈静生,陈梅.海南岛河流主要离子化学特征和起源[J].热带地理,1992,

12(3):272－281.

[51] 陈静生,夏星辉,蔡绪贻.川贵地区长江干支流河水主要离子含量变化趋势分析[J].中国环境科学,1998,18(2):131－135.

[52] CHETELAT B,LIU C,ZHAO Z,et al. Geochemistry of the dissolved load of the Changjiang Basin rivers：anthropogenic impacts and chemical weathering[J]. Geochimica et Cosmochimica Acta,2008,72：4254－4277.

[53] GUO H,SIMPSON I J,DING A J,et al. Carbonyl sulfide,dimethyl sulfide and carbon disulfide in the Pearl River Delta of southern China：Impact of anthropogenic and biogenic sources[J]. Atmospheric Environment,2010,44 (31)：3805－3813.

[54] KANG S C,MAYEWSKI P A,QIN D H. Seasonal differences in snow chemistry from the vicinity of Mt. Everest,central Himalayas[J]. Atmospheric Environment,2004,38 (18):2819－2829.

[55] 李甜甜,季宏兵,江用彬,等.赣江上游河流水化学的影响因素及 DIC 来源[J].地理学报,2007,62(7):764－775.

[56] 王君波,朱立平,鞠建廷,等.西藏纳木错东部湖水及入湖河流水化学特征初步研究[J].地理学报,2009,29(2):288－293.

[57] 王亚平,王岚,许春雪,等.长江水系水文地球化学特征及主要离子的化学成因[J].地质通报,2010,29(2/3):446－456.

[58] 刘昭.雅鲁藏布江拉萨—林芝段天然水水化学及同位素特征研究[D].成都:成都理工大学,2011.

[59] 曾海鳌,吴敬禄.塔吉克斯坦水体同位素和水化学特征及成因[J].水科学进展,2013,24(2):272－279.

[60] 唐玺雯,吴锦奎,薛丽洋,等.锡林河流域地表水水化学主离子特征及控制因素[J].环境科学,2014,35(1):131－142.

[61] 刘永林,雒昆利,李玲,等.新疆天然水化学特征区域分异及其地质成因[J].地理科学,2016(5):794－802.

[62] 王晓艳,李忠勤,蒋缠文.天山哈密榆树沟流域地下水化学特征及其来源[J].干旱区地理,2017,40(2):313－321.

[63] 章申.珠穆朗玛峰高海拔地区冰、雪中的微量元素[J].地理学报,1979,33(1)：12－17.

[64] 蒲健辰,王平,皇翠兰,等.长江江源地区冰川冰、雪、水的化学特征[J].环

境科学,1986 9(4):14-19.

[65] 王平,刘智.阿尔泰山友谊峰地区冰、雪及其受冰川融水补给径流中的微量
元素含量[J].环境科学,1982,3(3):33-35.

[66] 骆鸿珍.天山乌鲁木齐河源1号冰川的水化学特征[J].冰川冻土,1983,5
(2):55-63.

[67] 张文敬,王平.南迦巴瓦峰地区冰川冰、雪、水的地球化学特征[J].山地研
究,1984,3(3):155-164.

[68] 王立伦,王平,苏珍,等.横断山冰川地球化学特征[J].地理研究,1989,8
(3):66-77.

[69] 皇翠兰,段克勤,蒲健辰.青藏高原希夏邦马冰芯中阴阳离子的研究[J].
1998,17(5):500-503.

[70] 刘凤景,MARK W,程国栋,等.天山乌鲁木齐河融雪和河川径流的水文化
学过程[J].冰川冻土,1999,21(3):213-219.

[71] 何元庆,姚檀栋,杨梅学.中国典型山地温冰川水化学空间分布特征与近期
冰川动态[J].山地学报,2000,18(6):481-488.

[72] 冯芳,李忠勤,张明军,等.天山乌鲁木齐河源区径流水化学特征及影响因
素分析[J].资源科学,2011,33(12):2238-2247.

[73] 高文华,李忠勤,张明军,等.乌鲁木齐河源冰川径流中总可溶性固体和悬
浮颗粒物的特征及影响因素分析[J].环境化学,2011,30(5):920-927.

[74] 冯芳,冯起,李忠勤,等.天山乌鲁木齐河流域山区水化学特征分析[J].自
然科学学报,2014,33(12):2238-2247.

[75] 王晓艳,李忠勤,周平,等.天山哈密榆树沟流域春洪期水化学特征及其控
制因素研究[J].干旱区地理,2014,37(5):922-930.

[76] MCDONNELL J J,MCGUIRE K,AGGARWAL P,et al. How old is the
water? Open questions in catchment transit time conceptualization,model-
ling and analysis[J]. Hydrological Processes,2010,24(12):1745-1754.

[77] DINCER T. The use of oxygen-18 and deuterium concentrations in the
water balance of lakes[J]. Water Resources Research,1968,4:1289-1306.

[78] 庞洪喜,何元庆,张忠林,等.季风降水中δ^{18}O与季风水汽来源[J].科学通
报,2005,50(20):2263-2266.

[79] 王恒纯.同位素水文地质学[M].北京:地质出版社,1991.

[80] SIEGENTHALER U,OESCHGER H. Correlation of ^{18}O in precipitation

with temperature and altitude[J]. Nature,1980,285:314－317.

[81] 于津生,虞福平,刘德平.中国东部大气降水中氢氧同位素组成[J].地球化学,1987,16(1):22－26.

[82] 李真,姚檀栋,田立德,等.慕士塔格冰川地区降水中 $\delta^{18}O$ 的时空变化特征[J].中国科学(D辑),2006,36(1):17－22.

[83] 章申,于维新,张青莲.我国西藏南部珠穆朗玛峰地区冰雪中氘和重氧的分布[J].中国科学,1973(4):430－433.

[84] 郑淑慧,侯发高,倪葆龄.我国大气降水的氢氧稳定同位素的研究[J].科学通报,1983(13):801－806.

[85] 卫克勤,林瑞芬,王志祥.北京地区降水中的氘、氧-18、氚含量[J].中国科学(B辑),1982(8):754－757.

[86] 卫克勤,林瑞芬.论季风气候对我国雨水同位素组成的影响[J].地球化学,1994,23(1):33－41.

[87] 章新平,中尾正义,姚檀栋,等.青藏高原及其毗邻地区降水稳定同位素成分的时空变化[J].中国科学(D辑),2001,31(5):353－361.

[88] 庞洪喜,何元庆,张忠林.季风降水中 $\delta^{18}O$ 与高空风速关系[J].科学通报,2004,49(9):905－908.

[89] 田立德,姚檀栋,WHITE J W C,等.喜马拉雅山中段过量氘与西风带水汽输送有关[J].科学通报,2005,50(7):669－672.

[90] 田立德,马凌龙,余武生,等.青藏高原东部玉树降水中稳定同位素季节变化与水汽输送[J].中国科学(D辑),2008,31(3):986－992.

[91] 柳鉴容,宋献方,袁国富,等.西北地区大气降水 $\delta^{18}O$ 的特征及水汽来源[J].地理学报,2008,63(1):12－22.

[92] 李小飞,张明军,李亚举,等.西北干旱区降水中 $\delta^{18}O$ 变化特征及其水汽输送[J].环境科学,2012,33(3):711－719.

[93] LIU J,SONG X,SUN X,et al. Isotopic composition of precipitation over arid northwestern China and its implications for the water vapour origin[J]. J. Geogr. Sci,2009,19:1641－1674.

[94] 陈中笑,程军,郭品文,等.中国降水稳定同位素的分布特点及其影响因素[J].大气科学学报,2010,33(6):667－679.

[95] 侯典炯,秦翔,吴锦奎,等.乌鲁木齐大气降水稳定同位素与水汽来源关系研究[J].干旱区资源与环境,2011,25(10):136－142.

[96] ZHAO L J,YIN L,XIAO H L,et al. Isotopic evidence for the moisture origin and composition of surface runoff in the headwater of the heihe river basin[J]. Chinese Sci Bull,2011,30(4):406 - 416.

[97] 吴锦奎,杨淇越,叶柏生,等.同位素技术在流域水文研究中的重要进展[J].冰川冻土,2008,30(6):1024 - 1032.

[98] 顾慰祖,陆家驹,谢民,等.乌兰布和沙漠北部地下水资源的环境同位素探讨[J].水科学进展,2002,13(3):326 - 332.

[99] 章新平,姚檀栋,田立德,等.乌鲁木齐河流域不同水体中的氧稳定同位素[J].水科学进展,2003,14(1): 50 - 56.

[100] 张应华,仵彦卿,丁建强,等.运用氧稳定同位素研究黑河中游盆地地下水与河水转化[J].冰川冻土,2005,27(1):106 - 110.

[101] 陈宗宇,万力,聂胜龙,等.利用稳定同位素识别黑河流域地下水的补给来源[J].水文地质工程地质,2006,6:9 - 14.

[102] 陈建生,赵霞,盛雪芬,等.巴丹吉林沙漠湖泊群与沙山形成机理研究[J].科学通报,2006,51(23):2789 - 2796.

[103] 姚檀栋,周行,杨晓新,等.印度季风水汽对青藏高原降水和河水中δ^{18}O高程递减率的影响[J].科学通报,2009,54(15):2124 - 2130.

[104] 高晶,姚檀栋,田立德,等.羊卓雍错流域湖水氧稳定同位素空间分布特征[J].冰川冻土,2008,30(2):338 - 343.

[105] 杨晓新,徐柏青,杨威,等.藏东南不同季节水体中氧同位素的高程递减变化研究[J].科学通报,200,54(15):2140 - 2147.

[106] 章新平,谢自楚,姚檀栋.降落雨滴中稳定同位素比率变化的数学模拟[J].气象学报,1998,56(1):87 - 95.

[107] 包为民.胡海英,王涛,等.蒸发皿中水面蒸发氢氧同位素分馏的实验研究[J].水科学进展,2008,9(6):780 - 785.

[108] 赵墨田.同位素质谱仪技术进展[J].现代科学仪器,2012,5:5 - 19.

[109] 武选民.西北黑河下游额济纳盆地地下水系统研究[J].水文地质工程地质,2003,29(2): 30 - 33.

[110] DINCER T,PAYNE B R,FLORKOWSKI T,et al. Snowmelt runoff from measurements of Tritium and Oxygen-18[J]. Water Resource Research,1970,6:110 - 124.

[111] MARTINEC J. Subsurface flow from snowmelt traced by tritium[J].

Water Resources Research,1975,11(3):496－498.

[112] SKLASH M G,FARVOLDEN R N,FRITZ P. A Conceptual model of watershed response to rainfall developed through the use of oxygen18 as a natural tracer[J]. Journal of Earth Science,1976,13:271－283.

[113] BUTTLE J M. Isotope hydrograph separations and rapid delivery of pre-event water from drainage basins[J]. Progress in Physical Geography,1994,18:16－41.

[114] UHLENBROOK S,HOEG S. Quantifying uncertainties in tracerbased hydrograph separations:a case study for two,three and five-component hydrograph separations in a mountainous catchment[J]. Hydrological Process,2003,17:431－453.

[115] GOLLER R,WILCKE W,LENG M J,et al. Tracing water paths through small catchments under a tropical montane rain forest in south Ecuador by an oxygen isotope approach[J]. Journal of Hydrology,2005,308:67－80.

[116] GENEREUX D. Quantifying uncertainty in tracer-based hydrograph separations[J]. Water Resource Research,1998,34:915－919.

[117] MAULE C P,STEIN J. Hydrologic flow path definition and partitioning of spring meltwater[J]. Water Resource Research,1990,26:2959－2970.

[118] LAUDON H,HEMOND H F,KROUSE R,et al. Oxygen-18 fractionation during snowmelt:Implications for spring flood hydrograph separation [J]. Water Resource Research,2002,38:40.

[119] 顾慰祖,谢民. 同位素示踪划分藤桥流域流量过程线的试验研究[J]. 水文,1997(1):29－32.

[120] 瞿思敏,包为民,石朋,等. 同位素流量过程线分割研究进展与展望[J]. 水电能源科学 2006,24(1):80－83.

[121] 吕玉香,胡伟,罗顺清,等. 流量过程线划分的同位素和水文化学方法研究进展[J]. 水文,2010,30(1):7－13.

[122] 孔彦龙,庞忠和. 高寒流域同位素径流分割研究进展[J]. 冰川冻土,2010,32(3):619－626.

[123] 蒲焘,何元庆,朱国锋,等. 丽江盆地地表-地下水的水化学特征及其控制因素[J]. 环境科学,2012,33(1):48－54.

[124] 王荣军.基于环境同位素的融雪期径流分割:以天山北坡军塘湖流域为例[D].乌鲁木齐:新疆大学,2013.

[125] 吕惠萍,吉锦萍,吴江涛,等.哈密地区地表水资源质量及变化趋势[J].新疆水利,2007,2:5-7.

[126] 骆光晓,尹进莉,祁先明,等.哈密地区地表水资源质量现状[J].水资源研究,2007,28(4):20-22.

[127] 新疆哈密市地方志编纂委员会.哈密县志[M].乌鲁木齐:新疆人民出版社,1990:153.

[128] 李忠勤,李开明,王林.新疆冰川近期变化及其对水资源的影响研究[J].第四纪研究,2010,30(1):96-106.

[129] 骆光晓,刘莉,吴力平.伊吾河流域水文特性分析[J].干旱区地理,1999,22(1):47-52.

[130] 沈照理,朱宛华,钟佐.水文地球化学基础[M].北京:地质出版社,1993.

[131] 鞠建廷,朱立平,汪勇,等.藏南普莫雍错流域水体离子组成与空间分布及其意义[J].湖泊科学,2008,20(5):591-599.

[132] QIN J H,HUH Y,EDMOND J M,et al. Chemical and physical weathering in the Min Jiang,a headwater tributary of the Yangtze River[J]. Chemical Geology,2006,187:53-56.

[133] 温小虎,仵彦卿,苏建平,等.额济纳盆地地下水盐化特征及机理分析[J].中国沙漠,2006,26(5):836-841.

[134] MERLIVAT L,JOUZEL J. Global climate interpretation of the deuterium-oxygen 18 relationship for precipitation[J]. Geophys Res,1979,84:5029-5033.

[135] 刘忠方,田立德,姚檀栋,等.雅鲁藏布江流域河水中氧稳定同位素的时空变化[J].冰川冻土,2008,30(1):20-27.

[136] 魏振枢.环境水化学[M].北京:化学工业出版社,2001.

[137] 陈静生.河流水质原理及中国河流水质[M].北京:科学出版社,2006.

[138] SARIN M M,KRISHNASWAMI S,DILLI K,et al. Major ion chemistry of the ganga-brahmaputra river system-weathering processes and fluxes to the bay of Bengal[J]. GeochimicaEt Cosmochimica Acta,1989,53(5):997-1009.

[139] HUSSEIN M T. Hydrochemical evaluation of groundwater in the blue nile basin,eastern Sudan,using conventional and multivariate techniques

[J]. Hydrogeology Journal,2004,12:144 - 158.

[140] SU Y H,FENG G F,ZHU G F,et al. Environmental isotopic and hydrochemical study of groundwater in the Ejina Basin, northwest China[J]. Environmental Geology,2009,58:601 - 614.

[141] EDMUNDS W M. Geochemistry's vital contribution to solving water resource problems[J]. Applied Geochemistry,2009,24: 1058 - 1073.

[142] 翟远征,王金生,滕彦国.北京市泉水的水化学、同位素特征及其指示作用 [J].地质通报,2011,30(9):1442 - 1449.

[143] 杨丽芝,张光辉,胡乃松,等.利用环境同位素信息识别鲁北平原地下水的 补给特征[J].地质通报,2009,28(4):515 - 521.

[144] DEUTSCH W J. Groundwater geochemistry fundamentals and applications to contamination[M]. Boca Raton:Lewis Publisher,1997.

[145] SALAMA R B,OTTO C J, FITZPATRICK R W. Contributions of groundwater conditions to soil and water salinization[J]. J. Hydrol. , 1999,7:46 - 64.

[146] 章光新,邓伟,何岩,等.中国东北松嫩平原地下水水化学特征与演变规律 [J].水科学进展,2006,17(1):20 - 28.

[147] 蒲焘.基于水化学与同位素的典型海洋型冰川流域水文过程研究[D].兰 州:兰州大学,2013.

[148] 康世昌,丛志远.青藏高原大气降水和气溶胶化学特征研究进展[J].冰川 冻土,2006,28(3): 371 - 379.

[149] WANG Y,WAI K M,GAO J,et al. The impacts of anthropogenic emissions on the precipitation chemistry at an elevated site in north-eastern China[J]. Atmospheric Environment,2008,42(13): 2959 - 2970.

[150] 韩茜,钟玉婷,陆辉,等.乌鲁木齐市碳质气溶胶季节变化及其对霾形成的 影响[J].干旱区研究,2016,33(6):1174 - 1180.

[151] 阿衣古丽·艾力亚斯,玉米提·哈力克,迈迪娜·吐尔逊.阿克苏市空气 污染及其变化分析[J].干旱区研究,2016,33(3):649 - 654.

[152] GALLOWAY J N. The composition of precipitation in remote area[J]. Journal of Geophysical Research,1982,87(11):8771 - 8786.

[153] SATSANGI G S,LAKHANI A,KHARE P,et al. Composition of rainwater at a semi-arid rural site in India [J]. AtmosphericEnvironment, 1998,

32(21)：3783-3793.

[154] NAMRATA D,RUBY D,GAUTAM R C,et al. Chemical composition of precipitation at background level[J]. Atmospheric Research,2010,95 (1)：108-113.

[155] ROY A,CHATTERJEE A,TIWARI S,et al. Precipitation chemistry over urban,rural and high altitude Himalayan stations in eastern India [J]. Atmospheric Research,2016,181:44-53.

[156] 田立德,姚檀栋,张寅生,等.希夏邦马夏季降水中水化学特征[J].环境科学,1998,19(6)：1-5.

[157] 任贾文.祁连山党河南山扎子沟 29 号冰川区雪、降水和地表水化学特征研究.冰川冻土,1999,21(2)：151-154.

[158] 康世昌,秦大河,姚檀栋,等.希夏邦马峰北坡地区夏末降水化学特征探讨[J].环境科学学报,2000,20(5):574-578.

[159] 侯书贵.乌鲁木齐河源区大气降水的化学特征[J].冰川冻土,2001,23 (1)：80-84.

[160] 章典,师长兴,假拉.西藏降水化学分析[J].干旱区研究,2005,22(4)：471-475.

[161] 李向应,丁永建,刘时银,等.天山哈密庙尔沟平顶冰川和奎屯河哈希勒根 51 号冰川成冰带与雪层 pH 值和电导率对比研究[J].冰川冻土,2007,29 (5):710-716.

[162] 李向应,秦大河,韩添丁,等.中国西部冰冻圈地区大气降水化学的研究进展[J].地理科学进展,2011,30(1):3-16.

[163] 张占峰,王红磊,德力格尔,等.瓦里关大气降水的化学特征[J].大气科学学报,2014,37(4):502-508.

[164] 陈物华,李忠勤,怀保娟.天山哈密庙尔沟平顶冰川雪坑离子浓度特征[J].环境化学,2015,34(12)：2307-2309.

[165] 魏文寿,胡汝骥.中国天山的降水与气候效应[J].干旱区地理,1990,13(1):29-36.

[166] 唐孝炎,张远航,邵敏.大气环境化学[M].2 版.北京:高等教育出版社,2006.

[167] 王璟.大气降水中离子化学特征及来源分析[J].环境科学与管理,2012,37(3):73-92.

[168] 冯芳,李忠勤,张明军,等.天山乌鲁木齐河源区径流水化学特征及影响因素分析[J].资源科学,2011,33(12):2238-2247.

[169] 牛彧文,顾骏强,俞向明,等.有机酸对长江三角洲大气背景区降水酸化的影响[J].中国环境科学,2010,30(2):150-154.

[170] 吴起鑫,韩贵琳.三峡水库库首地区大气降水化学特征[J].中国环境科学,2012,32(3):385-39.

[171] 任丽红,陈建华,白志鹏,等.海南五指山和福建武夷山降水离子组成及来源[J].环境科学研究,2012,4:404-410.

[172] 赵亮,鲁群岷,李莉,等.重庆万州区大气降水的化学特征[J].三峡环境与生态,2013,2:9-15.

[173] 卢爱刚,王少安,王晓艳.渭南市降水中常量无机离子特征及其来源解析[J].环境科学学报,2016,36(6):2187-2194.

[174] 肖辉,沈志来,黄美元.西太平洋热带海域降水化学特征[J].环境科学学报,1993,12(2):143-149.

[175] TAYLOR S R. Abundance of chemical elements in the continental crust: a new table[J]. Geochimicaet CosmochimicaActa,1964,28(8):1273-1285.

[176] 吴旭东.成都地区大气降水稳定同位素组成反应的气候特征[J].地质学报,2009,29(1):52-54.

[177] 章新平,姚檀栋.青藏高原东北地区现代降水中 δD 与 $\delta^{18}O$ 的关系研究[J].冰川冻土,1996,18(4):360-365.

[178] SCHOTTERER U, FROHLICH K, GAGGELER H W, et al. Isotope records from mongolian and alpine ice cores as climate indicators[J]. Climatic Change,1997,36:519-530.

[179] KOHN M J,WELKER J M. On the temperature correlation of $\delta^{18}O$ in modern precipitation[J]. Earth and Planetary Science Letters,2005,231(1/2):87-96.

[180] YU W S,YAO T D,TIAN L D,et al. Relationships between $\delta^{18}O$ in precipitation and air temperature and moisture origin on a south-north transect of the Tibetan Plateau[J]. Atmospheric Research,2008,87(2):158-169.

[181] 田立德,姚檀栋,孙维贞,等.青藏高原中部降水稳定同位素变化与季风活动[J].地球化学,2001,30(3):217-222.

[182] WELKER J M. Isotopic (δ^{18} O) characteristics of weekly precipitation collected across the USA: an initial analysis with application to water source studies[J]. Hydrol Process,2000,14:1449 – 1464.

[183] CHIYANAGI K, YAMANAKA M. International variation of stable isotopes in precipitation at bangkok in response of El nino southern oscillation[J]. Hydrol Process,2005,19:3413 – 3423.

[184] DING H W,ZHANG J,LU Z,et al. Characteristics and cycle conversion of water resources in the hexi corridor[J]. Arid Zone Research,2006, 23(2):241– 248.

[185] LONGINELLI A,ANGLESIO E,FLORA O,et al. Isotopic composition of precipitation in northern Italy: reverse effect of anomalous climatic events[J]. J Hydrol,2006,329:471 – 476.

[186] ZHANG X P,LIU J M,TIAN L D,et al. Variations of δ^{18} O in precipitation along vapor transport paths over aisa[J]. Acta Geographica Sinica,2004, 59(5):699 – 708.